初心者がゼロから毎月5万円稼げる！

副業ブログの教科書

［著］たかはし
「みんなの副業ブログ」運営

ご利用前に必ずお読みください

本書に掲載した情報に基づいた結果に関しましては、著者および株式会社ソーテック社はいかなる場合においても責任は負わないものとします。
本書は執筆時点（2023年6月現在）の情報をもとに作成しています。掲載情報につきましては、ご利用時には変更されている場合もありますので、あらかじめご了承ください。以上の注意事項をご承諾いただいたうえで、本書をご利用願います。

※本文中で紹介している会社名は各社の商標登録または商標です。
なお、本書では、©、®、TMマークは割愛しています。

はじめに

筆者は「ごく普通」の人生を歩んできた人間です。

ブログは５年前にゼロから始めました。特別なスキルもないし、プログラミング経験もありません。

特に文章力は人並み以下。お金を稼ぐセンスもないので、ブログで１円稼ぐまでに１年半もかかりました。

そんな筆者でも、ブログを研究して学び、実践したら3年目には年収1,200万円を突破しました。

▼ブログ月収の推移

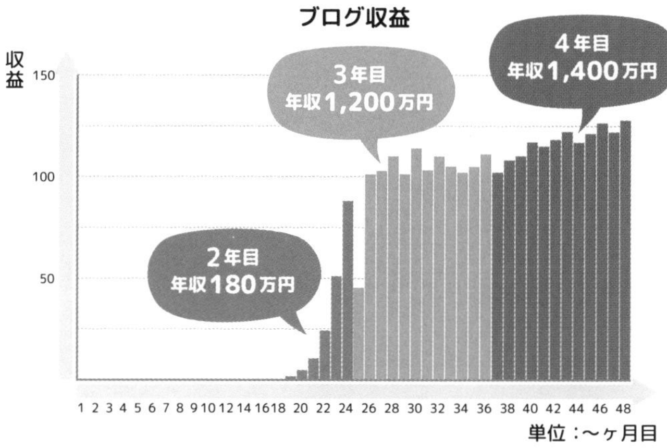

「今、私が稼いでいる方法」を紹介します

世の中に、ブログに関する書籍はたくさんあります。しかし、その中には、著者が「過去にブログで稼いだ方法」についてまとめたものも多く、出版時点ですでに古い情報になっていて現在では通用しないものがあります。

それでは意味がないので、今回書籍を出版するにあたり、筆者がこだわったのは**「今も筆者が実践してブログで稼いでいる方法」**を書籍化することでした。

自分がもし今からブログをゼロから始めるなら、どうやってブログを育てて月収100万円を実現するのか、その手順を具体的に解説しました。

どうやって収益を増やすのか

どうやって収益を増やすのか？

もしあなたが「**すでにブログを始めていて知識もある。しかし、頑張っているけど収益化できてない**」と悩んでいるなら、まず**Part9「ブログ収益化のロードマップ」を読んでみてください**。「月１万円達成まで」に、あなたがまず何から始めて、何を実践していけばいいのかが具体的にわかります。

さらに

- **月10万円達成まで**
- **月20万円達成まで**
- **月50万円達成まで**
- **月100万円達成まで**

のように収入状況ごとに具体的に何を実践し、どうやって収益を増やしていくのか、お勧めの手順を紹介していますので、参考にしてみてください。

ブログを収益化したいなら知っておくべき情報

もし、あなたがこれからブログを始めたいと思っているなら、この書籍は最適な一冊になるでしょう。

なぜなら、本書はゼロからブログを始めて収益化するまでの「最短ステップ」をわかりやすくまとめているからです。

あなたがブログを運営していて、何か困ったときにすぐに開いて答えが見つかる「教科書」のように使えることをイメージして作りました。

本書以外にもブログ運営について書かれた書籍はたくさんあります。しかし、SEOを始めとしてブログ運営には難しい専門知識や専門用語が多く、すべて学ぼうとするといくら時間があっても足りません。

そこでこの書籍では「ブログを収益化するために知っておくべき情報」だけを厳選してまとめました。

そのため、他の関連書籍にあるような難解な専門用語はほとんど出てきません。もしあなたがパソコンが苦手でも容易に理解できるはずです。
　今後、あなたがブログを書くときに、デスクの上に置いていつでも見られる「副業ブログの教科書」として使えます。

ブログをゼロから始めて収益化するまでの「最短ステップ」を解説します

　本書の各章では次のような内容を解説しています。
　Part1では、ブログが副業に最適な理由やあなたが得られるメリットについて解説します。
　Part2では、ブログで継続的な収入を得る仕組みについて解説します。
　Part3では、効率的なブログの始め方やブログ収益化に役立つ無料ツールについて解説します。
　Part4では売れる記事を書くためのノウハウや、稼げるブログジャンルの選び方について解説します。
　Part5では、初心者でも稼げるキーワード（目標キーワード）と攻略方法について解説します。
　Part6ではブログで売れる商品の見つけ方や、成果がでるリンクの貼り方について解説します。
　Part7ではTwitterを使った集客テクニックや、Twitterで人気記事を作る方法について解説します。
　Part8ではブログ作業の効率化や時短テクニック、ブログを継続するコツについて解説します。
　Part9では、最速でブログで月収1万円達成から月収100万円達成するまでのロードマップについて解説します。

ブログで「稼ぐコツ」

　筆者は人が驚くようなアイディアを生み出すタイプでもありませんし、業界を先導するようなリーダータイプでもありません。その辺にいる、ごく普通のサラリーマンです。
　そんな一般人がなぜブログで稼げるようになったんだろうと最近よく考え

ます。その結果、ブログで稼ぐには「正しいやり方」で「続ける」ことだと思っています。

現在筆者は「みんなの副業ブログ」(https://xn--9ckkn0019c8wwb.jp)というブログを運営しています。ブログ初心者のためにブログ運営の方法を教えているのですが、結果を出す人の共通点が「教えられたこと」を愚直に「続けている」人だったからです。

これが本当に不思議なくらいに共通しているのです。

▼ **みんなの副業ブログ(https://xn--9ckkn0019c8wwb.jp)**

自分の過去を振り返ってみると、宿題や部活の朝練などをコツコツ休まず続けたりするなど、みんなが苦手な「続ける」ことが子供のころから苦手ではなかったことに気づきました。

「続ける」ことが苦手でなければ(むしろ得意!な人)、ブログは相性ピッタリな副業です。ぜひ始めてほしいなと思っています。

なぜ今ブログを始めるべきなのか…？

2023年のWBC（World Baseball Classic）で日本チームが優勝したあとに、大谷翔平選手が言っていた言葉が印象的でした。

「日本だけじゃなくて韓国もそうですし、台湾や中国も、またその他の国も、もっともっと野球を大好きになってもらえるように、その一歩として優勝できたことが良かったなと思いますし、そうなってくれることを願っています」

優勝はもちろん嬉しいけれど、それ以上に野球を好きになってくれる人がもっと増えたらいい。野球選手を目指す子供が増えて野球界がもっとレベルアップしたらいいな、という思いですよね。

ブログの世界も同じだと思っています。

筆者はよく「なぜブログでノウハウを公開しているのですか？」と聞かれます。それは、ブログ業界のレベルがもっと上がって稼げるブロガーが増えてほしいと思うからです。

そうすれば、今以上に副業としてブログを選ぶ人が増えて、競争が激しくなり、さらにレベルが上がっていくからです。

あなたの人生が変わるかも…？

実際、この5年間でコロナの影響もあり「副業ブログ」を始める方が増え、ブログ業界のレベルが一気に上がりました。

5年前に見かけたような低レベルなブログは最近は見かけなくなり、初心者でもレベルの高いブログを書く人が増え、正直驚いています。

最近では、YouTubeでブログのやり方を発信する人も増え、ますますブログ業界のレベルが上がっていますね。

ブログやTwitterで最新のブログ運営に関する情報を発信し続けたことで、最近よく次ページのような感想をもらいます。

たかはしさんのブログは有料級の内容でとても勉強になるので本当におすすめです。

その上、無料でブログお悩み相談(ブログ診断)もされていて、スゴいです
たかはしさんに相談したおかげで、アドセンスも合格できたと思っています
#アドセンス合格

たかはし✽『みんなの副業ブログ』運営 @jpnetkigyou
✽✽✽
例え、今あなたがブログの「知識ゼロ」でも…『この記事の通りにやれば』ブログの収益アップする！ことを目指して、ブログの「アクセスアップ＆収益化」に役立つ「重要な事」だけを分かりやすくまとめました。

良かったら、ぜひ読んでみてくださいね！
✽✽✽

ネット起業.jp/blog-map

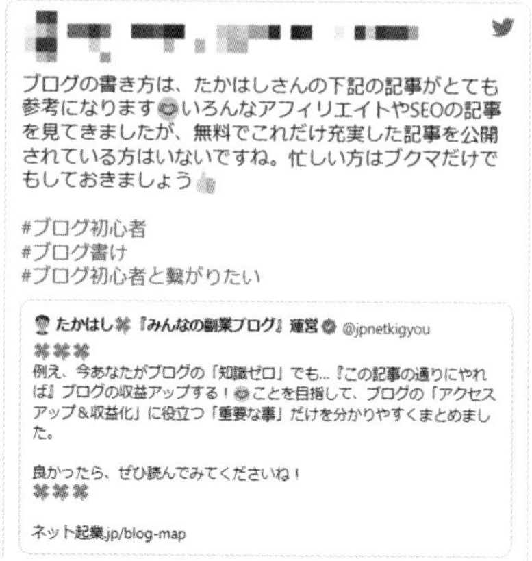
ブログの書き方は、たかはしさんの下記の記事がとても参考になりますいろんなアフィリエイトやSEOの記事を見てきましたが、無料でこれだけ充実した記事を公開されている方はいないですね。忙しい方はブクマだけでもしておきましょう

#ブログ初心者
#ブログ書け
#ブログ初心者と繋がりたい

たかはし✽『みんなの副業ブログ』運営 @jpnetkigyou
✽✽✽
例え、今あなたがブログの「知識ゼロ」でも…『この記事の通りにやれば』ブログの収益アップする！ことを目指して、ブログの「アクセスアップ＆収益化」に役立つ「重要な事」だけを分かりやすくまとめました。

良かったら、ぜひ読んでみてくださいね！
✽✽✽

ネット起業.jp/blog-map

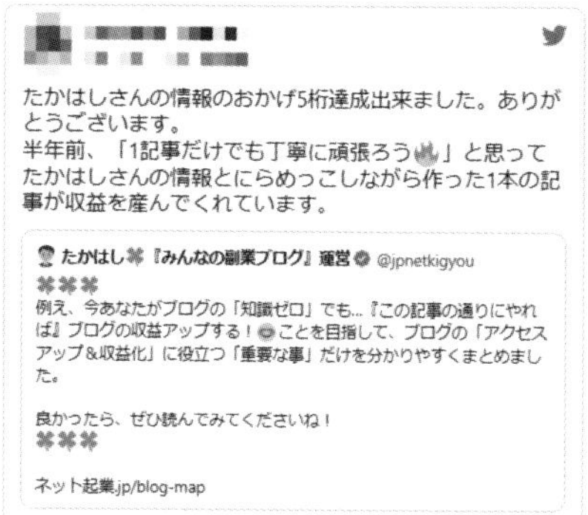
たかはしさんの情報のおかげ5桁達成出来ました。ありがとうございます。
半年前、「1記事だけでも丁寧に頑張ろう」と思ってたかはしさんの情報とにらめっこしながら作った1本の記事が収益を産んでくれています。

たかはし✽『みんなの副業ブログ』運営 @jpnetkigyou
✽✽✽
例え、今あなたがブログの「知識ゼロ」でも…『この記事の通りにやれば』ブログの収益アップする！ことを目指して、ブログの「アクセスアップ＆収益化」に役立つ「重要な事」だけを分かりやすくまとめました。

良かったら、ぜひ読んでみてくださいね！
✽✽✽

ネット起業.jp/blog-map

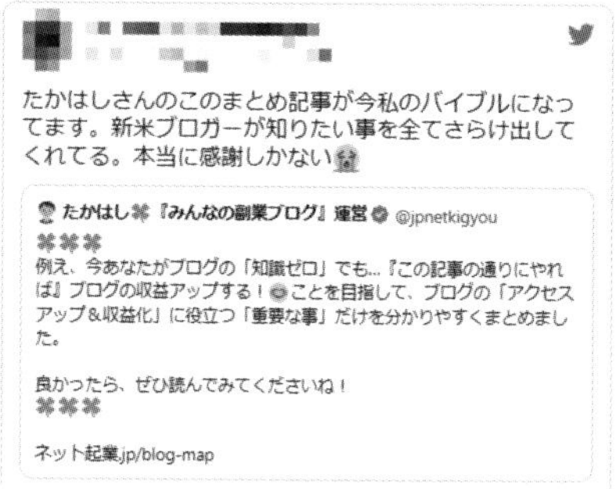
たかはしさんのこのまとめ記事が今私のバイブルになってます。新米ブロガーが知りたい事を全てさらけ出してくれてる。本当に感謝しかない

たかはし✽『みんなの副業ブログ』運営 @jpnetkigyou
✽✽✽
例え、今あなたがブログの「知識ゼロ」でも…『この記事の通りにやれば』ブログの収益アップする！ことを目指して、ブログの「アクセスアップ＆収益化」に役立つ「重要な事」だけを分かりやすくまとめました。

良かったら、ぜひ読んでみてくださいね！
✽✽✽

ネット起業.jp/blog-map

今回、出版社からの依頼を受け、この本が生まれることになりました。

この本を読んで「ブログをやってみたい！」と思う人が増えて「稼げるブロガー」が増えることを心から願っています。

そして、結果としてさらにブログの人気が高まり、ブログ業界のさらなるレベルアップにつながっていくことを願っています。

この1冊に、そのための内容をぎっちり詰め込んだので、ぜひ副業ブログの教科書として使ってくださいね。

2023年6月
たかはし

CONTENTS

Part 2 ブログで稼ぐ仕組みを知ろう

Part 3 ブログを作ろう

Part 4 ブログを書いてみよう

Part 5 ブログのアクセス数を増やすにはどうすればいい？

Part 6 収益を増やすにはどうすればいい？

Part 7 Twitterでブログの収益アップ

Part 8 ブログで稼ぐ人の特徴

Part 9 ブログ収益化のロードマップ

Part
1

「ブログ」を始めよう

副業でブログをするメリットはたくさんあります。初期投資が少ないこと、そのわりに稼げる金額が大きいこと、スキマ時間にできること、人間関係を気にしなくていいこと……。一方でもちろんデメリットもあります。ここでは副業ブログのメリット・デメリットについて説明します。

Section 1-1

なぜ？ 今「ブログ」が人気なの……？

世の中にたくさんある「副業」の中で、なぜ今「ブログ」が人気なのか……？それは、ブログには「お金があまりかからない」「稼げる金額が大きい」「役立つスキルが身につく」などの、他の副業にはない素晴らしいメリットがあるからです。

始めるのにお金があまりかからない

ブログは「パソコン」や「スマホ」が1台あれば始められますし、費用も月額1,000円ほどでできます。

「最初に大きな資金」が必要なく始められるので、**他の副業よりもかなり「低リスク」**です。

何か収入を得るためにビジネスを始めるのに、こんな「安い費用」では一般的には無理です。

▼ブログを始めるのに必要なのはパソコンやスマホだけ

稼げる金額が大きい

しかも稼げる金額が大きく、月100万円や、なかには月数千万円稼いでいる人もいます。

もちろん、誰もがそうなるわけではありません。他の副業より、稼げるまでに時間がかかるというデメリットもあります。

しかし、**会社員を続けながら月100万円以上稼げる人がいる副業は、他にはない**のではないのでしょうか。

▼ 週末だけの作業でも副業可能なブログ

パソコンやインターネットに詳しくなる

ブログを始めると、本当にいろいろなことを調べることになります。最初はわからないことだらけなので当たり前ですね。

しかし、そうしていく中でパソコンやインターネットの知識が自然と身につきます。今までは「よくわからなかった」ことが、どんどんわかるようになります。いわゆる**「ネットリテラシー」が身につく**という大きな「メリット」があります。

情報化社会といわれている現代、ネットリテラシーが身につくだけでも本当に多くの得になります。

「自分はパソコンが苦手だから……」とあきらめず、逆に「**これから詳しくなるチャンス**」だと考えましょう。

役立つスキルが身につく

さらに、ブログを経験することでたくさんのスキルが身につきます。

- **ライティングスキル（文章力）**
- **マーケティングスキル**
- **ITスキル**

これらのスキルは**ビジネスでも重要なスキル**であるため本業にも役立つことが多く、将来「**本業の年収が上がる**」可能性もあります。

さらには、将来あなたが転職する際に役立つかもしれません。

つまり**ブログを始めることは将来のための価値ある「自己投資」**になり得るため、無駄になることは決してないのです。

パソコンやインターネットの知識が増え、スキルアップにも役立つ。

このように、ブログには他の副業にはない素晴らしいメリットがたくさんあるため、人気があるのです。

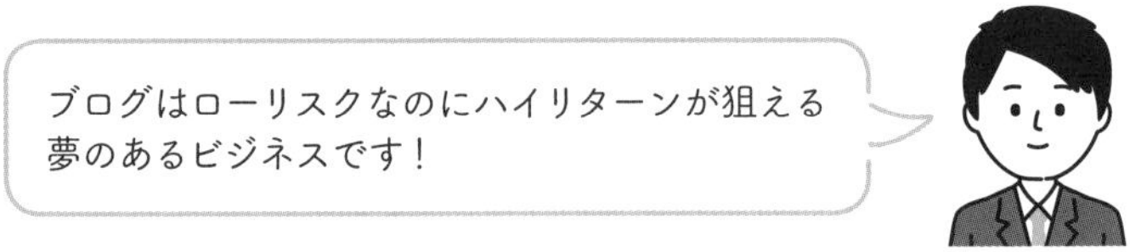

Section 1-2

パソコンとネットがあれば今すぐ始められる

ブログを始めるのに必要なものは「パソコン（またはスマホやタブレット）」と「インターネット環境」の2つだけです。

スマホやタブレットでもできるの？

ブログ運営をする人の多くはパソコンを使っていますが、最近は若い人を中心にスマホやタブレットで運営している人も増えています。

パソコンを持っていない人は「**スマホやタブレットで始めてみる**」のも良いでしょう。

ブログに慣れてきて「もっと本格的にやりたい」と思ってから、画面が大きく細かい操作もしやすいパソコンを購入するのでも良いと思います。

なお、**ブログ運営に使うパソコンは高価なものである必要はありません。**

「ポケット型Wi-Fi」でもOK！

ブログ運営にはインターネット回線が必要です。

自宅にインターネット接続環境がある場合は問題ありません。

スマホやタブレットで運営する場合でも、特別に高速な回線である必要はないので、**工事の必要がない「ポケット型Wi-Fi」でも問題ありません。**

Section 1-3

「安い費用」「低リスク」で始められる

最初に説明したように、ブログは副業の中でも運営費用が圧倒的に少なく、毎月1,000円程度あれば十分です。他の副業のように「仕入れ」や「投資資金」も必要ないので、大きなリスクを背負うこともなく低リスクで始めることができます。

ブログ運営にかかる費用（固定費）は次の2つだけです。

❶サーバー料金
❷ドメイン料金

これら2つを契約してブログを始めることになります。

❶サーバー料金

サーバー料金は、運営するブログを設置するサーバーの利用料金です。

サーバー料金は数年前に比べてどんどん安いサービスが登場しています。

現在では「初期費用0円」「月額料金も数百円」程度の会社が増えてきています。

❷ドメイン料金

「ドメイン」とは、簡単に説明するとインターネット上の住所のようなものです。「○○○.com」のような形で、ユーザーがブログにアクセスする際に用います。

ドメイン取得には費用がかかります。ドメイン料金は年間1,000～2,000円程度、月額にすると100円程度になります。

「低リスク」で始められる

サーバー料金とドメイン料金を合わせた、**ブログ運営にかかる費用は毎月1,000円程度**です。

ただし、最初の契約時のみ「月額料金を３ヶ月分前払い」が一般的なので、そこだけ注意してください。

つまり、必要な費用はサーバーとドメイン費用として年間約12,000円、他に63ページで説明するするWordPressの有料テーマが15,000円程度かかります。

１年目の初期費用は約３万円、２年目からは年間約１万2,000円でブログを運営できます。

このようにブログは、

- **初期費用が安い**
- **運営費用も安い**

と言えます。

ブログは圧倒的に少ない費用で取り組める低リスクな副業です。

ブログ副業は他の副業のように「仕入れ」や「大規模な設備投資」が必要ありません。さらに株・FXのような大きな投資金も必要なく始められます。

他の副業を始めようと思ったら、こんな安い費用で低リスクでは始められません。

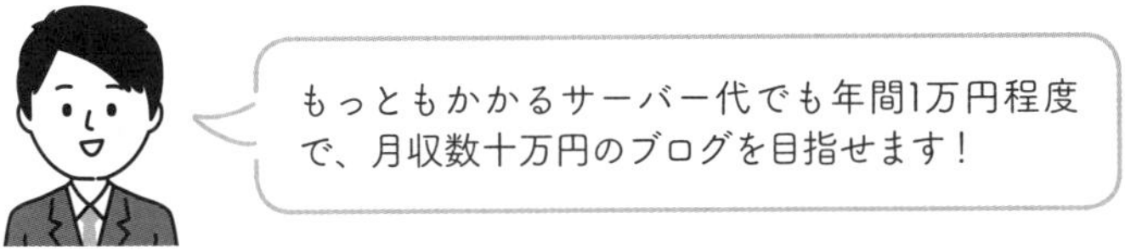

Section 1-4

稼げる金額が大きい

ブログで稼げる金額は天井知らずです。月100万円以上稼ぐ人も多く、中には月数千万円稼ぐ人もいます。もちろん、全員がそうなれるわけではありませんが、毎月1,000円程度の運営費用だけでこれだけ稼げるのは、他の副業ではなかなかあり得ないことです。

「売上＝ほぼ利益」になる

なぜブログが稼げるのかと言うと、それはブログが**「売上＝ほぼ利益」になる「利益率が高いビジネス」**だからです。

例えば、「**せどり**」をやろうと思ったら、商品を仕入れるための資金が必要です。商品を保管する場所も必要ですし、配送に費用もかかります。とにかく仕入れなどに多くの費用がかかります。

そのため１人で稼げる金額に限界があるのです。

▼ 物販は在庫管理（物理的スペースや仕入費用）が面倒

しかし、ブログは基本的に仕入れがないので「売上＝ほぼ利益」になります。商品の管理や配送も不要なので、**ブログは１人でも大きく稼ぐことができる**のです。

安い費用ですぐ始められる「ブログ」は「低リスクでお金を稼ぎたい」と思っている人に最高にお勧めの副業です。

Section 1-5

忙しくて「何もしていない」ときも収入がある

ブログを長く続けていると「何も作業していないのに自動的に入ってくる収入」が期待できるようになります。数ヶ月単位で何もしていないのに自動的に入ってくる収入も期待できるようになります。

公開しているブログは24時間いつでも見ることができます。あなたが寝ている間や会社で仕事している間にも、あなたのブログを見てくれる人はたくさんいます。そして、そのブログから収入が発生します。

そのため、仕事が忙しくて新しいブログ記事が書けない時期でも、以前書いた記事から収入が入ってくるようになるのです。

つまり、あなたが作った**ブログが自動で営業活動してくれて、寝ていてもお金を産んでくれる「資産」になる**のです。

ブログは「安定収入」になる

ブログは、アルバイトのように働いた分だけ給料がもらえる時給労働とは違い、始めてすぐに稼げるわけではありません。働いた分だけ収入を得るビジネスを「**フロー型の収入**」と呼びます。フロー型収入は仕事をすればすぐ収入を得られる一方で、**仕事をしないとまったく収入が得られない**という特徴があります。

一方、ブログ記事の作成を続けていれば、記事が蓄積されて成果が積み上がっていき、それに応じた安定収入が得られます。これを本書では「**ストック型の収入**」と呼びます。

ストック型の収入とは、最初に仕組みやインフラを構築することで、継続的に収益が入るビジネスモデルです。ストック型の収入で代表的なのは「電気料金」や「ガス料金」などです。１度契約してもらえば、毎月料金が支払われ「安定収入」となります。さらに契約者が増えることで毎月の収益が上積みされていくので、毎月大きな額の「安定収入」が可能となります。

ブログもこのような特徴があり、１度作ったブログはあなたが消さない限りずっとネット上に残り続けます。そのブログを読んでくれる人が増えることで毎月の収益が上積みされていくので、毎月大きな額の安定収入が可能になるのです。

つまり**ブログ運営を続けることで、ストック型の収入を生み出す「資産」を「ネット上」に作ることができる**のです。

もちろん、ブログがそのようになるまでには時間がかかります。コツコツと自分のペースで積み上げていくのが得意な人には、ブログは向いているでしょう。

ブログにはこのようなストック型収入の特徴があるため、運営を続けていると「毎月」のように安定して「大きく稼げる」ようになるのです。

▼「フロー型」と「ストック型」の特徴

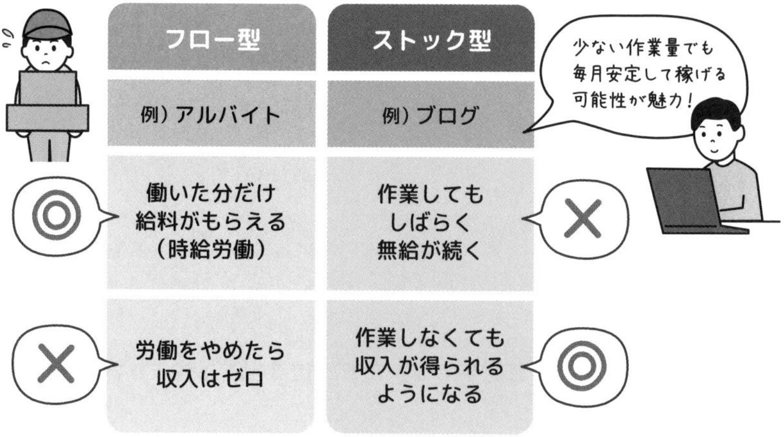

Section 1-6

自分のペースでできて、人間関係のストレスもない！

ここまで解説した内容以外にもブログにはさまざまな魅力があります。自分のペースで時間や場所を気にせず進められたり、人間関係のトラブルが少ないなど、「ストレスが少ないこと」が特長です。

ブログには、ここまで説明した内容以外にも次のような魅力があります。

- **時間と場所を気にせず自分のペースで進められる**
- **人間関係のストレスがない**
- **給料アップや転職に役立つ**
- **人の役に立つ**

時間と場所を気にせず自由にできる

19ページでも紹介しましたが、ブログは次の2つがあれば運用できます。

❶パソコン（またはスマホ、タブレット）
❷インターネット環境

ブログ作業をする場所も時間帯も自由なので、あなたの好きなペースで取り組むことができます。

例えば、「平日は夜のカフェ」「土日は自宅」でブログをしながら収入を得ることもできます。なかには、旅をしながら各地でブログを書いて収入を得ているブロガーもいます。

このように**時間や場所を気にせず自由に取り組めます。**

人間関係のストレスがない

ブログは１人で作業するので「人間関係」に悩むことがありません。

「匿名」で「顔写真も非公開」で運営でき、プライバシーも安全（もちろん、自分で個人情報を出さないことが前提です）。会社や友人に知られることなく運営できます。

給料アップや転職にも役立つ

ブログ運営を経験することで、次のような**ビジネスでも役立つ多くのスキル**が身につきます。

- ライティングスキル（文章力）
- マーケティングスキル
- IT スキル
- セールススキル

▼ブログで身につくスキル

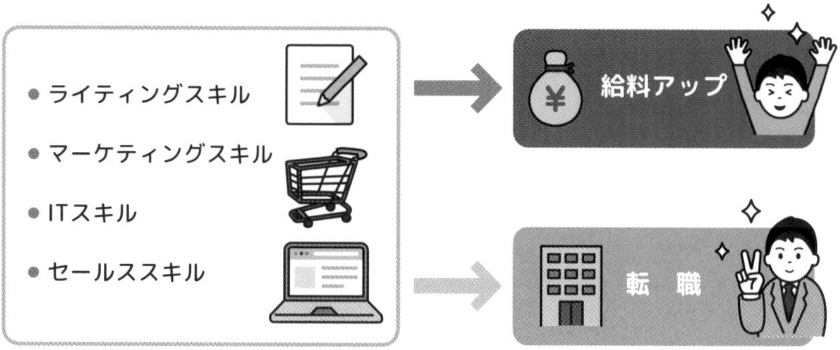

これらのスキルが身につくことで、将来本業の年収が上がる可能性もありますし、転職に役立つかもしれません。

ブログは「人の役に立つ」

テレビでもお馴染みの脳科学者である中野信子さんの著書によれば、人の脳は社会的報酬を得られるとやる気が増大する性質があるそうです。

> 実は脳には、「社会的報酬」が得られると、ドーパミンが大量に分泌されて快感を覚え、やる気が増大するという性質があります。
> 人間の脳は、金銭的な報酬と同じように、社会的報酬がある場合も快感を覚えます。社会的報酬というのは、誰かから「あなたは素晴らしい！」「君のおかげで助けられた！」などと、褒められたり感謝されたりすることを指します。

※中野信子著「世界で活躍する脳科学者が教える！世界で通用する人がいつもやっていること」（アスコム刊。49ページより）

つまり「あなたのブログ記事は素晴らしい！」「あなたの記事に助けられた！」など、褒められたり感謝されることで快感を覚え、やる気が増大するということです。

誰かの役に立つと脳は快感を覚える

この本を読んで筆者は「まさにその通りだな」と感じました。ブログ記事が他の人に役立つものであれば、そこから収入を得られるだけでなく、他者からの評価が得られることがやる気につながるわけです。

筆者が実際にブログを運営していて感じることですが、「お金が稼げる」ことも嬉しいですが、それと同じレベルで記事を褒められたり感謝されたりすることがとても嬉しく、それがブログを「楽しく続けられる」理由でもあります。

これはブログの素晴らしいところの１つです。

ブログは人の役に立って感謝され喜ばれ、そしてお金も稼げるという素晴らしいビジネスなのです。

Section 1-7

ブログで稼ぐデメリット

ブログで稼ぐメリットについてここまで解説してきましたが、当然ですが副業ブログにはデメリットもあります。ここではそういったブログで稼ぐデメリットについて解説します。

副業ブログのデメリット

これまで説明してきたように、副業ブログにはさまざまなメリットがあります。

低コストで始められるわりに稼げる金額が多く、またスキルアップも期待できます。さらに、有益な情報を発信することで、人の役に立つという実感も得られます。

安定して成果を出すには一定量の記事が必要

このようにメリットが多い副業ブログですが、デメリットもあります。それは多くの場合、「**稼げるようになるまで時間がかかる**」ということです。

ブログで稼げるようになるのに時間がかかるのは、いくつか理由があります。そもそも、アルバイトのように時間給で報酬が得られるタイプのビジネスではないので、作業する・しないと報酬は無関係であるという特徴があります。

さらに、後述しますが投稿した記事がアクセスを集めていく過程で、ある程度のコンテンツ量が必要であるという問題もあります。つまり、**一定数の記事を投稿（ストックされる）するまでは、収益が上がりにくい**という特徴があるわけです。

そのため、最初はなかなか稼げないという現象が起きます。

▼ 記事数が一定数以上増えないと、アクセス数も伸びにくい

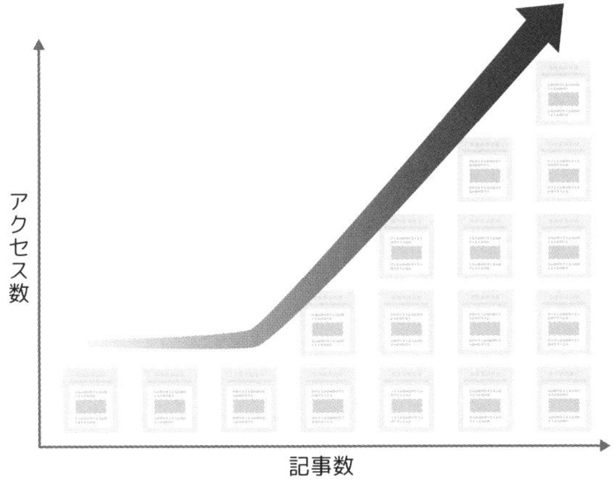

正しい方法でブログをやっていないので成果が出ない

次に、そもそも「**正しい方法でブログを運営していないので成果が上がらない**」という状況におちいる恐れがある点です。

ブログのジャンル選択を間違っていたり、アクセスを集める記事の書き方ができていなかったりして、労力をかけて作ったコンテンツなのにいつまで経っても集客できない……と言うことがあり得ます。

筆者自身、ブログを始めてから最初の1年以上かけて、100記事投稿しても収益がゼロでした。これは多くが「間違ったやり方」をしていたことが原因です。

最短で成果が出る方法を解説

投稿する記事がある程度の数を超えないと成果が出ないというのは、避けようがない部分があります。

しかし、後者の**「間違ったやり方で遠回りをしてしまう」ことに関しては、本書を読んで正しいやり方を実践すれば回避できます。**

筆者自身がおちいった間違いに、読者の皆さんがおちいらないように、できるだけわかりやすく解説していきます。

Section

1-8 本書で紹介する内容

ブログ副業はさまざまなメリットがあるビジネスです。片手間の副業から始めて、専業ブロガーになり、複数のブログを運営する資産家になるのも夢ではありません。ここではどうやってそれを実現していくのかを解説します。

ブログで稼ぐ仕組みを知ろう

ブログは、ただ記事を書いて投稿するだけでお金が稼げるというわけではありません。

ブログで収益を上げるためにはその仕組みを知る必要があります。

大きく分けて**ブログで収入を得る方法は3つあります**。アドセンスによる収入、アフィリエイトによる収入、純広告による収入です。

また「すぐに稼げる！」という甘い言葉に騙されてはいけません。ある程度の期間、労力が必要です。しかしそれは、後に大きく花咲くための準備段階です。

ブログで稼ぐ仕組みや心構えについては、Part2で解説します。

ブログの始め方

ブログ運営を始める心構えがわかったら、実際にブログを作ってみましょう。ブログをするなら**WordPress**というツール（CMS）を使うのがお勧めです。お勧めというより、むしろ**ブログで稼ぐにはWordPressが必須**と言えます。

ブログ運営には他に、レンタルサーバーの契約や独自ドメインの設定、使いやすいブログにするための初期設定などが必要です。

Part3で詳しく解説します。

売れる記事の書き方

ブログの準備が整ったら、実際に記事を書いてみましょう。ただ、やみくもに記事を書いても読者が集まり稼げるブログ記事にはなりません。

読者を引きつける記事には大事な要素が5つあります。

本書ではPart4で、売れる記事を書くためのノウハウを詳しく解説します。

ブログ記事のSEO

ブログへの流入は、特にブログ運用初期は検索エンジン経由です。**検索エンジン経由での流入を増やすためには、SEO（検索エンジン対策）が必須**です。SEOを意識した記事にすることで、検索エンジンの検索結果で上位表示され、ブログへのアクセスが格段に増えます。

本書ではPart5でブログ記事のSEOについて解説します。

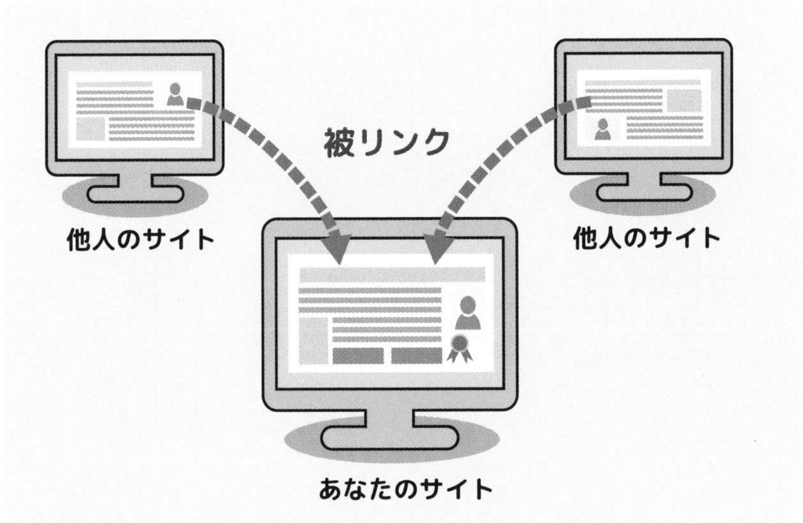

ブログの収益を増やす方法

ブログでもっとも収益が多いのはアフィリエイト収入です。ブログで大きく収益を増やすためには、売れる商品を探す必要があります。しかし、普通の人が売れ筋商品を探すというのは難しいものです。

本書のPart6では記事で紹介する商品の探し方、そしてその商品についてどんな記事を書けば読者が集まるのか、公開済みの記事を売れる記事に変える方法など、ブログの収益を上げる方法について解説します。

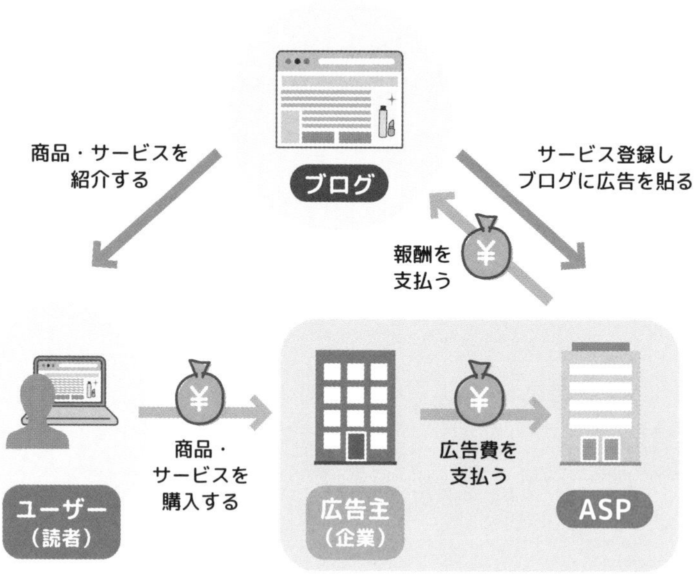

Twitterでの集客

ブログのアクセス数を増やすのには時間がかかります。しかし、それを劇的に改善する方法があります。それはSNSの活用です。

特に**Twitterでの集客はブログ運営との相性がいい**のでお勧めです。本書ではPart7で詳しく解説します。

ブログで稼げる人になる

ブログで稼げる人にはいくつか特徴があります。一番必要な特性は継続力ですが、実はそれだけではありません。我慢強いのは美徳ですが、一方でフットワークの軽さもブログ向きの特性と言えます。

ブログで稼げる人の特徴についてはPart8で解説します。

ブログ収益をステップアップさせるノウハウ

ブログは成果が出るまでに時間がかかります。まずは月収1万円を目指しましょう。筆者もそうでしたが、ブログではじめなかなか成果が出ず、収入ゼロの期間が長いケースが多く、0が1になると収益が伸び始めることが多いです。

月収1万円を達成したら、次は月収10万円、月収20万円、月収50万円、月収100万円と、ステップアップするためのノウハウがあります。

本書ではPart9で**ブログ収益化のロードマップ**を解説します。

本書を読み終わる頃にはブログで稼ぐノウハウが身についているはずです！

Part1のまとめ

- 稼げる金額が大きく、ストック収入も期待できる
- 少ない費用で始められ、リスクが低い
- スキルが身につき給料アップや転職に役立つ
- 時間や場所を気にせず、自分のペースで進められる
- 人間関係のストレスがなく、さらに人の役に立つ

このようにブログは最高の副業ビジネスです。

もちろん本書では、筆者の経験を通じて「**最適な方法**」を教えますのでご安心ください。

次の**Part2**では、ブログの収入源とその特徴について詳しく解説します。

column 1

一般人でもブログで稼げるの？

ブログは「有名人じゃなきゃ、稼げないのでは」と考える人が多いかもしれません。しかし「有名人かどうか」はまったく関係ないんです。

実際ブログで月に100万円以上稼いでいる人は、芸能人でなくただの「一般人」なのです。

一般人がブログで稼ぐには

私たちは、有名人ではない普通の一般人です。

芸能人なら「Amebaブログ（アメブロ）」のような「無料ブログ」に写真をアップするだけで何万人もの人たちが見に来てくれます。

私たち「一般人」にそれは無理です。

それでは、有名人でなければブログで稼ぐのは無理かというと、そんなことはありません。

「誰かの悩みを解決する」という視点でブログを作れば、一般人でも稼ぐことが可能です。

というか、筆者も含めて現在稼いでいるブロガーのほとんどは一般人なのです。

アフィリエイトマーケティング協会の調査資料によると、**「月1万円以上のアフィリエイト収入」があるのは35.4%、さらに「月100万円以上」の人は6.5%**いるそうです。

次ページへ

● 月額アフィリエイト収入の割合

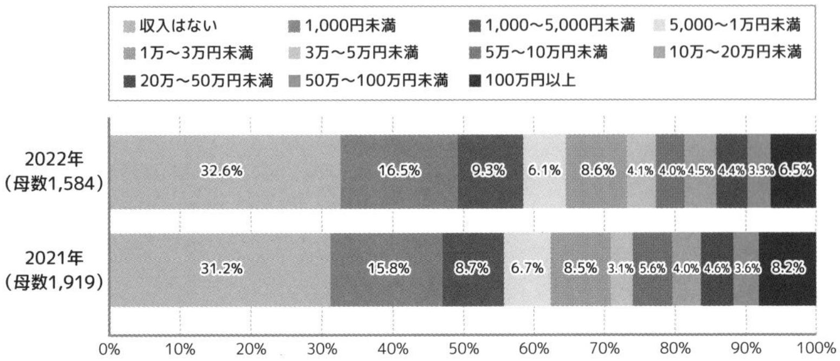

	2022年（母数1,584）	2021年（母数1,919）
収入はない	517	598
1,000円未満	262	303
1,000〜5,000円未満	148	167
5,000〜1万円未満	96	128
1万〜3万円未満	136	164
3万〜5万円未満	65	60
5万〜10万円未満	64	107
10万〜20万円未満	71	77
20万〜50万円未満	70	88
50万〜100万円未満	52	70
100万円以上	103	157

出典：アフィリエイトマーケティング協会「ひと月のアフィリエイト収入」
（https://affiliate-marketing.jp/release/202207.pdf）より

ブログで稼ぐのに「有名人であるかどうか」はまったく関係ないのです。

本書では、有名人ではない普通の一般人であるあなたでもブログで稼げる方法を教えますのでご安心ください。

Part
2

ブログで稼ぐ仕組みを知ろう

ブログの収入源は、主に「広告収入」です。ブログに広告を掲載し、長く取り組むほど収入が増えやすくなります。ここではブログ収入源とその特徴について詳しく解説していきます。

Section
2-1

ブログで収入が発生する仕組み

ブログで稼ぐ仕組みは主に広告収入です。ブログで稼ぎたい！と思っている人は、「アドセンス」と「アフィリエイト」が主な収入になることを覚えておきましょう。

「アドセンス」と「アフィリエイト」がブログの収入源

ブログの収入源は、主に「**アドセンス**（**Google AdSense**）」と「**アフィリエイト**」です。いずれもブログ上に掲載する広告です。

アドセンスは、ブログ上に貼った広告リンクをユーザーがクリックしたら報酬が発生します。

アフィリエイトは、ブログに貼った広告リンクをクリックしたユーザーが、リンク先のサイトで商品やサービスを購入すると報酬が発生します。

- アドセンス：広告リンクがクリックされる➡報酬
- アフィリエイト：広告経由で商品・サービスが購入される➡報酬

▼ ブログ収入が発生する仕組み

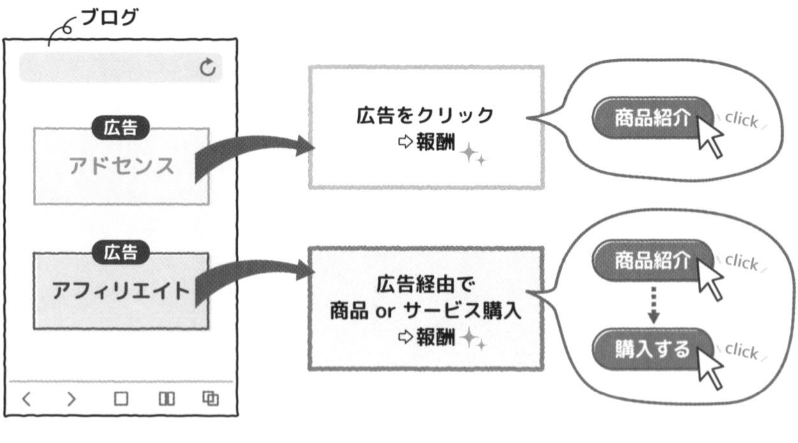

大きく稼ぎたいなら「アフィリエイト」！

ちなみに筆者の1ヶ月のブログ収入は次の通りです。

- **アフィリエイト：110万円**
- **アドセンス：6万円**

見ての通り、ブログ収入のほとんどがアフィリエイトです。

「ブログで大きく稼ぎたい！」と考えている人はアフィリエイトがメインの収入になることを覚えておきましょう。

もちろん、ブログはすぐに稼げるわけではありません。しかし、運営費用が毎月1,000円程なのに、これだけ稼げてしまう可能性がブログの魅力です。

低リスクでお金を稼ぎたい人にとってブログは最適な副業です。

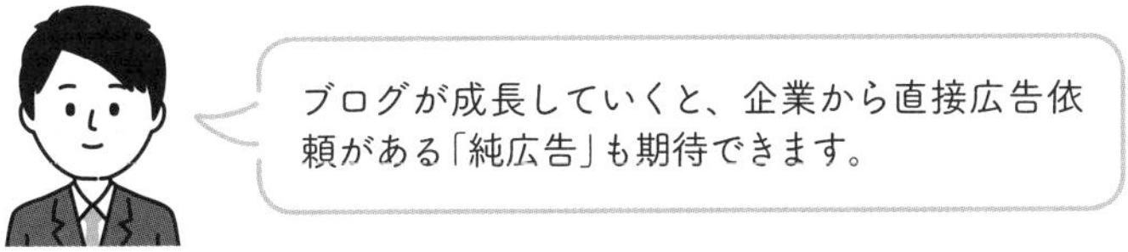

Section 2-2

企業から数十万円の広告掲載依頼がくることも

ブログを長く続けていると、ブログに企業から直接広告掲載依頼がくるような、夢のようなことが起こることもあるんですよ。

アフィリエイト市場は毎年伸びている！

有名人でもない一般人のブログに広告を掲載したい企業なんてあるのか、と思うかもしれません。

実はけっこうあります。

▼ アフィリエイト市場に関する調査

出典：矢野経済研究所「国内アフィリエイト市場規模推移と予測」
（https://www.yano.co.jp/press-release/show/press_id/2936 ）より

上のグラフは矢野経済研究所が発表した、日本国内のアフィリエイト市場調査の情報です。

現在、国内のアフィリエイト市場規模は約3,000億円を超えており、2025年度のアフィリエイト市場規模は5,146億円までの拡大が予測されています。

一時期「ブログはオワコン」などという声もありましたが、市場規模は現在も拡大を続けています。ブログは稼げるチャンスがいっぱいあるということです。

「一般人」のブログに企業から広告依頼が…

ブログを長く続けていると、**企業から直接「広告掲載」の依頼**がくることがあります。

これを「**純広告**」と呼びます。

▼ 純広告とは

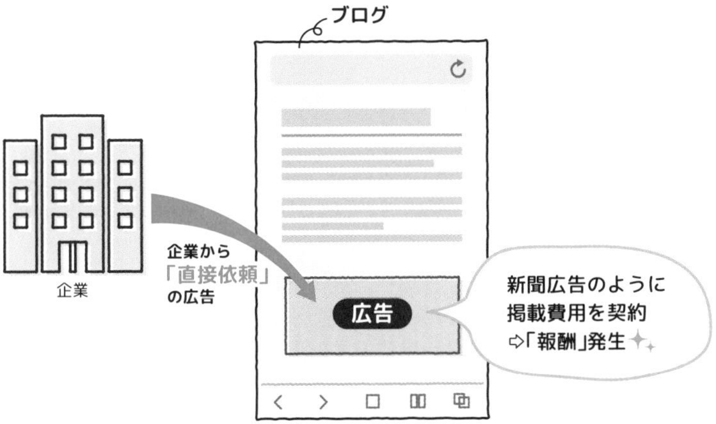

筆者が今までで一番驚いたのは、50万円の広告掲載をある有名企業からオファーされたことです。**1ヶ月の掲載依頼で50万円**いただけました。

一般人のブログでも、長く続けていると有名企業から50万円の純広告掲載依頼がくることがあるわけです。

Section
2-3

「開始3ヶ月で100万円」なんて嘘！

ブログは一般人でも稼げますが、すぐに稼げる副業ではありません。稀に見かける「開始3ヶ月で100万円」などという話は嘘です。しかし、ブログ運営を長く続けていると、毎月安定収入が得られるようになります。だから、ブログは1～2年であきらめてはいけません！

ブログは稼げるまで時間がかかる

23ページでも説明したように、フロー型のアルバイトであれば働いたその日から収入が発生しますが、ストック型のブログは初収入を得るのに多くの場合数ヶ月はかかります。

▼ アフィリエイト収入×アフィリエイト年数

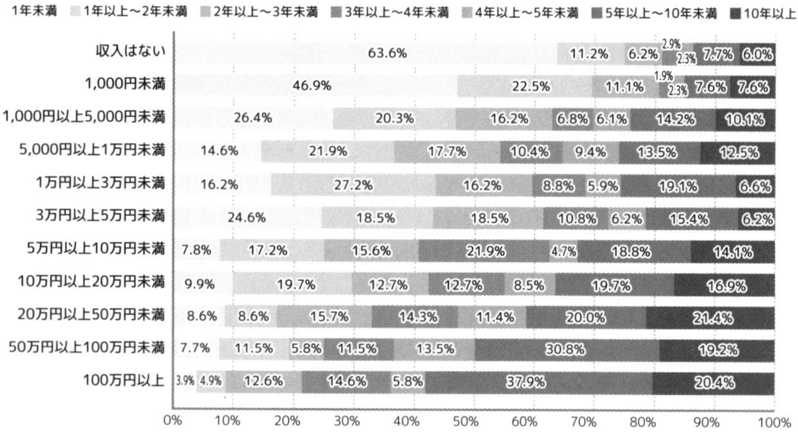

出典：アフィリエイトマーケティング協会「ひと月のアフィリエイト収入×アフィリエイトを開始してからの年数」(https://affiliate-marketing.jp/release/202207.pdf) より

上のグラフは、アフィリエイトマーケティング協会のアフィリエイトの収入と継続期間を調べた調査資料です。これによると、1年間ブログ収入ゼロの人が63.6%もいるそうです。

実際、筆者の周りでは「**ブログで月1万円の収益を得るまでの期間は3ヶ月〜1年程度**」です。このように、ブログで収益を得るためにけっこうな期間がかかるため、我慢できずブログを辞めてしまう人も多いです。

「開始3ヶ月で100万円」というのは、正直あり得ないと感じます。

一度稼げるようになると、継続的な収入になる

このように説明すると「ではなぜブログを勧めるの？」と感じるかもしれません。

ブログの大きな魅力は「ストック型収入」であることです。

ストック型収入の魅力は「**継続的に収入が得られる**」ことと、「**何もしていないのに自動的に入ってくる収入**」が期待できるようになることです。

これは**ブログは長く取り組むほど収入が増えやすい仕組み**だからです。これについてはPart5で詳しく解説します。

前ページのグラフを見ると、高収入を得ている人の多くはブログを長く継続していることがわかります。

実際、筆者も最初の1年は収入ゼロでした。

2年目に初収入を得ました。つまり収入が「0」から「1」になったわけです。

以降は月10万円、月20万円…と増え、**3年目に月100万円を達成でき、年収1,200万円**を超えることができました。

- **1年目：年収0円**
- **2年目：年収180万円**
- **3年目：年収1,200万円**
- **4年目：年収1,400万円**⇦イマココ

不労所得に近い状態がつくれる

ちなみに、筆者は現時点で2年以上連続して月100万円以上のブログ収益を得ています。

一方で、**作業時間は週に3～5時間**しかかけていないこともざらです。

他の仕事が忙しくブログが書けない時期でも、以前書いた記事から収入が入ってくるようになるからです。

これがストック型収入の最大の魅力です。「収入が増えているのに、作業時間は減っていく」という夢のような状態をつくることができるのです。

完全な「**不労所得**」ではありませんが、自分がブログに触っていない日でも収入を生み出してくれます。 夢のある世界です。

ブログにはこのようなストック型収入の特徴があるため、運営を続けていると毎月の安定収入が得られるようになるのです。

そのため、繰り返しになりますが、**ブログは「1～2年」であきらめちゃ絶対ダメ**です！

▼ ブログ収益化イメージ

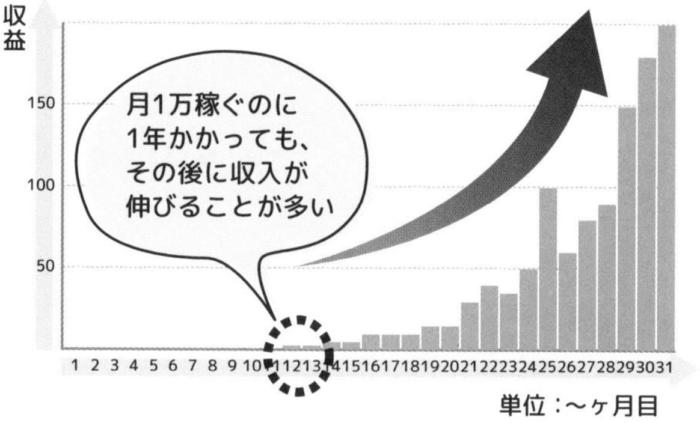

Section 2-4

ブログとSNSは相性バッチリ！

SNSはブログを成長させていくうえで多くのメリットがあるので、ブログと同時にSNSを始めることを強くお勧めします。

ブログの成果を早く出せる

ブログは一般人でも稼げますが、すぐに稼げる副業ではありません。

ブログにアクセスが集まるまでには時間がかかります。

「今日投稿した記事」にアクセスが集まるまで、3ヶ月から1年かかることもあります。

しかし、**SNSを使えば「今日投稿した記事」に今日アクセスを集めることができます**。

Part7で詳しく説明しますが、SNSを使ったある方法で記事を作成すれば、簡単にアクセスを集めることが可能です。

ブログ運営でSNSを始めるメリット

- **お金をかけずに無料で始められる**
- **ブログにアクセスを集めることができる**
- **自分の考えを発信する習慣が身につく**
- **ブログ仲間が見つかる**

このようにブログを成長させていくうえで多くのメリットがあるので、ぜひブログと一緒にSNSも始めましょう！

SNS（Twitter）での集客についてはPart7で詳しく解説します。

Section 2-5
目標を決めるとブログで稼ぎやすい

目標を立てることでブログの成果が出やすくなります。しかし目標の立て方を間違えると逆効果。ここでは、成果の出やすい「上手な目標の立て方」について説明します。

金額を目標にすると失敗する恐れが

ブログ運営で目標を設定する際、次のような目標を立てたとします。

「半年以内に５万円稼ぐ」

目標を立てるのは良いことですが、これだけだと失敗しやすいので要注意です。

なぜなら、**ブログは成果が出るまでに時間がかかる**からです。

例えば、アルバイトで次のような目標を立てたとします。

「バイトで月に５万円稼ぐ」

この場合は、仮に時給1,000円のバイトであれば、「時給1,000円×50時間＝５万円」と計算できます。

しかし、ブログの場合は時給で給料が支払われるわけではありません。

「ブログで月に５万円稼ぐ」

このような目標を立てても、「○○時間パソコンで作業すれば……」という計算は成り立ちません。

　このような「**自分でコントロールできない目標**」は、**達成できなかったときにやる気を失いやすく、ブログを挫折するきっかけになりやすい**のです。

上手な目標の立て方

　では、どういう目標が良いのでしょうか。
　お勧めなのは「**ブログ作業をする時間を目標にする**」ことです。
　例えば「平日は１時間ブログの作業をする」といった具合です。
　この目標であれば「自分でコントロール」しながら目標達成に近づけます。
　努力したのに「月に５万円稼ぐ」という目標を達成できないことはありますが、**努力したのに「平日の１時間をブログ作業に使う」ことができないことはない**ですよね。
　これが継続できるようになると、自己肯定感が生まれ、自然とブログに取り組む時間も「１時間」以上に増えていきます。
　ブログで目標を設定する場合は「**自分でコントロールできる目標**」を立てるようにしましょう。

▼自分でコントロールできる目標を立てて実行しよう

Section 2-6

ブログで稼ぐのに「才能」や「センス」は不要

ブログは「誰でも、正しいやり方できちんとやれば、絶対に結果がでる」ものだと筆者は信じています。ブログで稼ぐのに「才能」や「センス」はいりません。誰でも「やればできる」！それがブログだと思っています。

正しいやり方で実践する

筆者は**1年以上かけて100記事書いたのに収入ゼロ**でした。

しかし、正しいやり方をちゃんと実践することで、3年目にブログで年収1,200万円を達成できました。

ここで注意するべきことは、**「正しいやり方」で実践しないと結果は出ない**ということです。

筆者が収入ゼロだった最大の原因は、「間違ったやり方」を実践していたことです。

だからこそ自信を持って言い切ることができます。

誰でも「やればできる！」、それが「ブログ」だということを。

ブログで稼ぐのに「才能」や「センス」なんていらないのです。

「正しいやり方」で続ければ絶対に結果が出ます。

正しいやり方について、次のPart3から説明していきます。

試行錯誤の結果見つけた正しい道のりを解説していきます。最短距離で成果を出そう！

Part2のまとめ

ブログは「**低リスクでお金を稼ぎたい**」方に最適な副業だと思いますが、開始してすぐに稼げる副業ではありません。アルバイトなら働いたその日から収入が発生しますが、ブログは初収入を得るのに数ヶ月かかる場合がほとんどです。

- **ブログは稼げるまでに時間がかかる**
- **ブログは長期戦なので目標を立てよう**
- **時間はかかるけど、安定的な「継続収入」が得られる**
- **ブログで稼ぐのに「才能」や「センス」は不要**

ただし、「**正しいやり方**」で実践しないと結果は出ないので注意が必要です。

でも大丈夫。安心してください。次の**Part3**からブログの「正しいやり方」を説明しますので、読みながらブログの準備を進めていきましょう。

column 2

あなたのブログを 3,000万円で売ってください……！？

一般人がブログで収入を得るのは簡単ではありません。

しかし、ブログを続けることで、ブログ収入が増えるだけでなく、「**ブログを3,000万円で売ってください！**」なんてビックリするオファーが来ることもあります。

実際、以前筆者に「ブログを3,000万円で売却しませんか？」というオファーが突然届いたことがあります。

売却はしませんでしたが、筆者のように才能もない一般人がゼロから始めたブログに3,000万円もの価値がつくなんて信じられませんよね。

やっぱりブログには夢がありますね！

このように、ブログには誰でも大きな収入を得るチャンスがあります！

もちろん、あなたも正しいやり方を学んで実践すれば、結果をつかむことが可能ですよ。

Part 3

ブログを作ろう

副業ブログの良さやブログで稼ぐ仕組みを理解したら、さっそく実践に入りましょう。無料・有料ブログサービスもありますが、ブログで稼ぐならレンタルサーバーで独自ドメインを利用して、ツールはWordPress一択！集客や収益化などさまざまな面で違いが出てきます。

Section 3-1

ブログをやるなら「WordPress」がお勧め

ブログを収益化したいなら、「Amebaブログ（アメブロ）」や「はてなブログ」のような無料ブログはお勧めしません。ブログで大きく稼いでいる人たちのほとんどは「WordPress」を使っています。

無料ブログをお勧めしない理由

ブログを運営する場合、「Amebaブログ（アメブロ）」（https://ameblo.jp/）や「はてなブログ」（https://hatenablog.com/）などの「**無料ブログ**」を利用する方法があります。

しかし、筆者はブログの収益化を目的にする場合は無料ブログはお勧めしません。

なぜなら、**自分のブログが「資産」にならない**からです。

例えば、「無料ブログ」の運営会社の規約変更で、突然あなたが運営するブログが削除されたり、無料ブログサービスそのものが終了する恐れもあります。

筆者の知り合いには、**ブログを突然削除されて月５万円の収入がなくなってしまった**という人もいます。実は、このときは一切の違反行為がなかったのに、運営会社の勘違いからブログが削除されてしまったそうです。

また、無料ブログの多くはサブドメイン形式（ブログのURLが「○○○.com」のような形ではなく、「freeblog.com/○○○」のような形式になっているもの）で運用することになるため、検索エンジン対策的に不利と言われています。

このような問題があるので、無料ブログはお勧めできません。

収益化したいなら「WordPress」

ブログで収益化するなら「**WordPress（ワードプレス）**」がお勧めです。

WordPressでブログを運営するには、**レンタルサーバー**を契約し、**独自**

ドメイン（ブログのURL）を取得する必要があります（詳しくはSection3-3で解説します）。

WordPressでブログ運営するのであれば、自分のブログが資産になるので、突然収入がなくなってしまう心配がありません。

WordPressを利用すると**プログラミングの知識がなくても簡単にブログが作れます**。デザインも専用テンプレートがあるので自分好みのおしゃれなブログが作れます。

もちろん、筆者のブログもWordPressを利用しています。

▼ 筆者のWordPressブログ

ブログで大きく稼いでいる人たちはWordPressを使っています。

Section 3-2

無料ブログではダメ？

前節で「無料ブログではなくWordPressでブログを作ろう！」と勧めましたが、「収益には興味がなく、ただブログをやってみたいだけ」という場合は無料ブログがお勧めです。

無料ブログの一番の魅力は費用がかからないことです。「趣味や日記としてブログをやってみたい」という人には最適です。

逆に**ブログ収益化を目指す場合は、無料ブログではなく最初からレンタルサーバー＋独自ドメイン＋WordPress**を選びましょう。

お勧めの無料ブログ

無料ブログサービスでお勧めを１つ選ぶなら「**note**」（https://note.com）です。

▼ note（https://note.com）

noteの特徴はシンプルさ。そのため「デザインとかどうでもいい。ただ文章を書きたいだけ」という人に最適です。

ただし、広告掲載に制限があるので、広告収入を得るのには適していません。

無料ブログの一番の魅力は「無料」でできること。「収益化には興味ないし、デザインもどうでもいい。ただ文章を書きたいだけ」という人にはnoteがお勧めです。

「無料ブログ」は１円も稼げないの？

無料ブログでは１円も稼げないのかというと、そうではありません。広告掲載が可能な無料ブログもあります。

ただし制限があり、収益を増やしたいときは有料プランに入る必要がある場合がほとんどです。

最終的に有料プランに移行するのであれば、収益化を狙う場合は最初からWordPressで始めたほうが、ブログが突然削除されるリスクもなく、デザインもおしゃれなブログが作れます。SEO的にも有利です。

そのため、収益化したいなら無料ブログではなくWordPressを選びましょう。

記事が増えるほど効果が出てくるので収益化を狙うなら最初からWordPressのほうがいいんだ。

Section 3-3

10分あれば ブログは作れる

ここではWordPressでのブログの作り方について解説します。サービスによって細かな手順や項目などは変更の恐れがあるため、ここでは概要のみを解説します。

WordPressブログは「4ステップ」で作れる

WordPressブログは次の4ステップで作ることができます。

▼ WordPressブログの作り方

まず、ブログを設置する「**レンタルサーバー**」を契約します。次にブログの住所（URL）となる「**ドメイン名**」を取得します。さらに、閲覧者がブログに安全にアクセスするための仕組みである「**SSL**」を設定します。最後に、レンタルサーバーの機能を使って**WordPressをインストール**します。

レンタルサーバーを借りて、独自ドメインを取得し、SSLを設定して暗号化してWordPressをインストールするというのは、最初にどこのレンタルサーバーを借りるかを決めたら、以降はそのレンタルサーバーのサービス内で行うことがほとんどです。

1 レンタルサーバーの契約

WordPressブログには**レンタルサーバー**が必要です。

「サーバー？ 何の話？」と混乱するかもしれません。簡単に説明すると「**自分のブログを設置するために必要な場所を借りる**」ということです。

記事執筆時点、主要なレンタルサーバーには次のようなものがあります。

- エックスサーバー（https://www.xserver.ne.jp/）
- ConoHa WING（https://www.conoha.jp/wing/）
- ロリポップ！レンタルサーバー（https://lolipop.jp/）
- さくらのレンタルサーバ（https://rs.sakura.ad.jp/）

基本的に、大手のレンタルサーバー会社であれば料金や使い勝手に大きな差は少ないと思います。価格や機能はときどきによって変わりますので、自分で各サイトへアクセスして比べてみてください。

この中で筆者がお勧めするのは「**エックスサーバー**」です。

費用が安くコスパに優れています。また、使いやすい設定・管理ツールが用意されていて、初心者でも簡単にブログが始められます。

わからないことやトラブルがあっても24時間365日のサポートがあり、もしものときでも自動バックアップ機能がついているので安心です。

エックスサーバーのサイトへアクセスすると、「スタンダード」「プレミアム」「ビジネス」の3プランが提供されています。個人でブログを始めるのであれば「スタンダード」で十分です。

❷ 独自ドメインの取得・設定

「**独自ドメイン**」とは、インターネット上の「あなたの住所」のようなものです。WordPressブログは自分専用のブログなので必ず独自ドメインが必要です。

▼ 独自ドメインはSEO的に有利

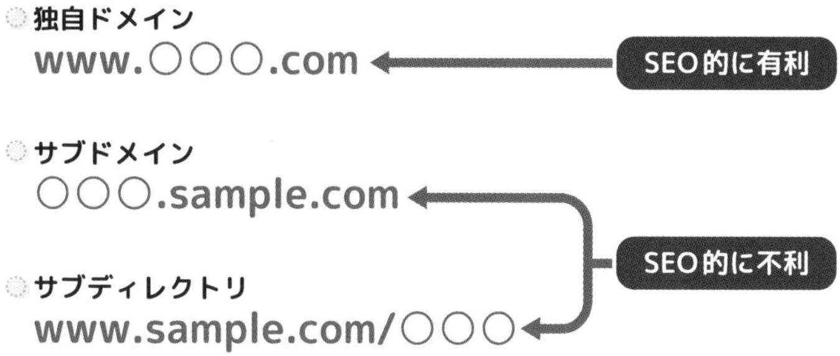

独自ドメインの取得・設定やSSLの設定、WordPressのインストールなどは、各レンタルサーバーのサーバー設定画面で取得・設定できるのが一般的です。

独自ドメインの設定方法は、エックスサーバーであれば「ドメイン設定」(https://www.xserver.ne.jp/manual/man_domain_setting.php)、ロリポップであれば「独自ドメイン設定」(https://lolipop.jp/manual/user/chg-plan/)、さくらのレンタルサーバであれば「さくらインターネットで取得・管理中のドメインを設定したい」(https://help.sakura.ad.jp/domain/2145/)などで設定方法を解説しています。

3 SSLの設定

SSL（Secure Socket Layer）とは、ブログとユーザー（閲覧者）の通信を暗号化する仕組みです。ブログを公開しているWeb サーバーにSSLを設定すること（https化）で、閲覧者は安全にブログから情報を得ることができます。

▼ Webの通常の通信（http）とSSLによる暗号化通信（https）の違い

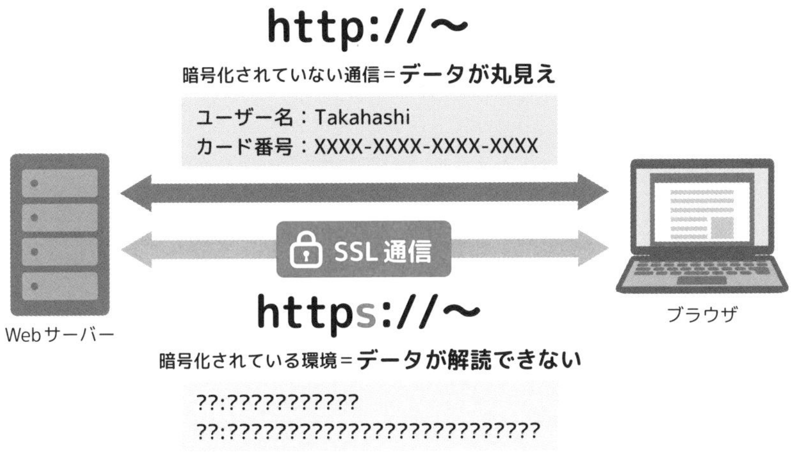

近年は検索エンジン（Google）がSSLサイトを高評価するようになったことで、サイトのSSL化が普及しています。ブログを運用する際はぜひSSLの設定をすることをお勧めします。

エックスサーバーでは「無料独自SSL設定」（https://www.xserver.ne.jp/manual/man_server_ssl.php）、ロリポップでは「独自SSL（無料）のお申込み・設定方法」（https://lolipop.jp/manual/user/ssl-free-order/）というページが用意されています。

4 WordPressのインストール

最後にWordPressをインストールします。大手レンタルサーバーの多くは、WordPressのインストールツールが用意されています。インストールは独自ドメインやSSL同様、レンタルサーバーの管理画面から行えるのが一般的です。

各レンタルサーバーのWordPressインストール方法は、エックスサーバーであれば「WordPress 簡単インストール」(https://www.xserver.ne.jp/manual/man_install_auto_word.php)、ロリポップであれば「WordPress（ワードプレス）簡単インストール」(https://lolipop.jp/manual/user/applications-wordpress/)などで解説しています。

エックスサーバーの「クイックスタート」

エックスサーバーの「**クイックスタート**」というサービスを使えば、ブログ開設の設定やインストールが自動で行われます。スマホでも可能です。

クイックスタートを用いた設定については、サービスの仕様の変更などもあるため、細かい手順について解説したページを用意しています。詳しく確認したい場合はご参照ください。

■「WordPressブログ」の作り方
https://xn--9ckkn0019c8wwb.jp/blog-characters

Section 3-4

テーマでデザインを簡単に整えよう

WordPressでデザインを整えるために「テーマ」を利用することをお勧めします。テーマとは「ブログを使いやすくするためのテンプレート」のことです。テーマを利用することで、ブログのデザイン、構成、機能などを簡単に向上できます。

無料テーマと有料テーマ

WordPressは「テーマ」を利用することで簡単にブログのデザインや機能などを向上できます。本格的にブログで集客する場合は、ぜひテーマを利用しましょう。

WordPressのテーマには無料で利用できる**無料テーマ**と、利用にお金がかかる**有料テーマ**があります。

無料テーマはもちろん費用なしで利用できるメリットがあります。

一方で、有料テーマのメリットは、主に次の４点です。

- **初心者でもデザインの良いブログが作れる**
- **初心者でもカスタマイズしやすい**
- **表示速度やSEOの内部対策が優れている**
- **サポートやマニュアルが充実している**

初心者こそ有料テーマがお勧め

他にも違いがありますが、**あらゆる面で「時間短縮になる」のが有料テーマのメリット**です。

初心者の場合、**無料テーマだと設定完了まで時間がかかります。**

有料テーマなら１時間で終わる設定が、無料テーマだと１週間かけて自分で調べてもわからず挫折……などというケースもあります。

例えば、有料テーマなら次のような設定が簡単に終わりますが、無料テーマの場合は自分で調べたり、プログラムの専門知識が必要であったりする場合があります。

- **ブログのデザイン変更**
- **文字、アイコンの装飾**
- **SEO設定**
- **広告（アドセンス）配置**
- **表示スピードの高速化**

WordPressのデザインやカスタマイズを自分で調べながらやってみたい人や、プログラミングが好きで詳しい人は無料テーマでも良いでしょう。

しかし、そもそも「パソコンが得意でない」という人は、最初から有料テーマを使うのがお勧めです。例えるなら、DIYで家のリフォームを楽しみたい人は無料テーマを選び、プロに任せたい方は有料テーマを選ぶ、そのようなイメージかなと思います。

なお、当然ですが有料テーマを使用するにはお金がかかります。**有料テーマは1～2万円程度**です。

そのため、最初からお金がかかる有料テーマを使うのはちょっと抵抗がある……という人は、まずは無料テーマから始めてみるのも手でしょう。

お勧めの無料テーマ

無料テーマで始めたい人にお勧めなのが「**Cocoon**」（https://wp-cocoon.com/）です。

Cocoonはシンプルなデザインながら SEOや高速表示、モバイル対応にも優れたテーマを多数提供しています。利用者が多いので、Cocoonのテーマを使用していて困ったときには、ネットで検索すればほぼ解決できるのも利点です。

▼ 無料で利用できるWordPressテンプレート「Cocoon」（https://wp-cocoon.com/）

お勧めの有料テーマ

無料テーマは費用をかけずに利用できるので導入のハードルが低いですが、**ブログで収益化を目指すなら有料テーマがあらゆる面で優れている**のでお勧めです。

例えば、筆者は当初**スマホ未対応の無料テーマ**を使っていました。その後、**スマホ対応の有料テーマに変えた**ところ、**ブログのアクセス数が一気に4倍に増え、アドセンス収入も4倍に**なった経験があります。

筆者は現在「**AFFINGER**」（https://affinger.com/）というテーマを愛用しています。

AFFINGERは、特に「アフィリエイト」で稼ぎやすい機能を備えたテーマで、収益化を目指す人にお勧めです。

おしゃれなデザインのテンプレートが用意されているので、簡単にセンスのあるブログが作れ、特に女性に人気です。

次の図は、AFFINGERのサイトで公開されている、AFFINGERのテーマを使用したさまざまなコンセプト別ダミーサイトです。

▼ 店舗系サイト（https://affinger5.com/sample7/）

▼ 可愛いブログ（https://affinger.com/monster-g/）

▼ 事業系サイト（https://affinger5.com/verup-sample3/）

▼ **情報サイト（https://affinger.com/）**

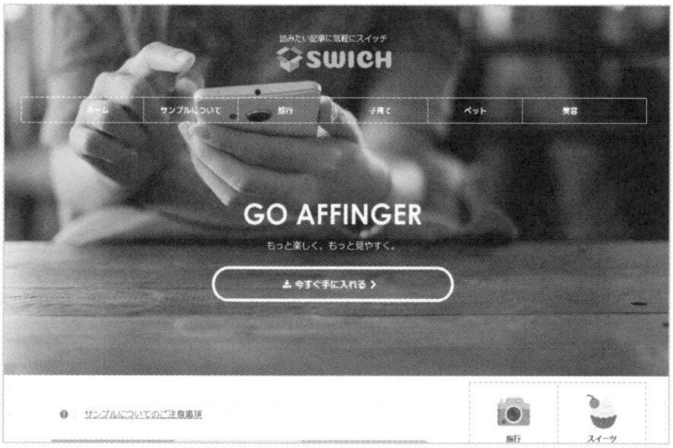

▼ **メディア系サイト（https://affinger5.com/verup-sample1/）**

AFFINGERは利用者が多く、デザインや機能のカスタマイズ方法もネット上で多く公開されていて、使い勝手がとても良いテーマです。

無料テーマから有料テーマに変更する際の注意点

最初は無料テーマで始めて、ある程度実績を積んでから有料テーマに変更することもできます。

その際に１つ注意点があります。

筆者はアフィリエイト開始当初、有料テーマの存在を知らずに無料テーマで300記事以上投稿してから、有料テーマに変更しました。

そうすると、**テーマの変更に伴い記事修正が必要に**なりました。１週間以上修正に追われて大変な思いをしました。

もし無料テーマから有料テーマに変更する場合は、数記事であればあまり問題はありませんが、100記事以上投稿している場合は慎重に行う必要があります。

利用者が多いテーマを選ぶ

テーマを選ぶ際には、無料でも有料でも必ず「**利用者が多いテーマを選ぶ**」ことをお勧めします。

利用者が少ないテーマだと、トラブルがあった際などに、ネットで調べても情報が見つからず苦労するためです。

利用者が多いテーマはネット上の情報も多いので、トラブル解決などに役立つことが多いです。

Section 3-5

使いやすいブログにする3つの初期設定

WordPressブログを使いやすくするために、3つの初期設定を行いましょう。あとでやると変更が大変なので、最初にやってしまいましょう！ この設定は最初に一度行えば大丈夫です。

初期設定をしよう

WordPressブログを使いやすくするための初期設定を行います。初期設定は次の3つです。

- **パーマリンクの設定**
- **アクセス解析ツールの設定**
- **プラグインの設定**

❶パーマリンクの設定

「パーマリンク」(あるいはパーマネントリンクとも)とは、投稿した記事に割り当てられる変更のないURLです。

この設定をブログ運営開始後に変更すると、それまで投稿した記事のURLが全部変わってしまいます。

記事のURLが変わると、記事へのリンク(被リンク)がリンク切れになってしまってアクセス数が減るなどのリスクがあります。そのため必ず最初にやっておきましょう。

パーマリンクの設定は次のように行います。

WordPress の管理画面にログイン後、左カラムの「設定」をクリックします。次に「パーマリンク」をクリックします。「パーマリンクの設定」画面が表示されるので「投稿名」欄を選択します。すると「カスタム構造」に現在の設定が表示されます。

▼ パーマリンクの設定

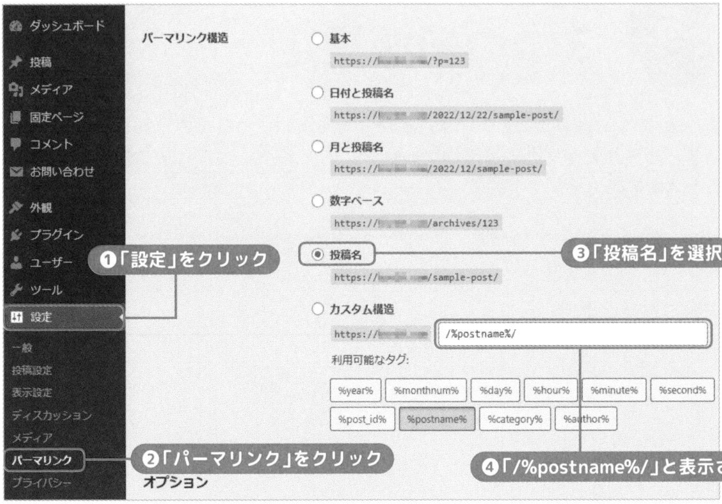

パーマリンク設定後は、記事作成画面で次のように好きなURLに変更できるようになります。

▼ パーマリンク変更手順

パーマリンクの設定については、管理画面の変更などもあるため最新の手順について解説したページを用意しています。詳しく確認したい場合は参照してください。

■「パーマリンク」の設定手順
https://xn--9ckkn0019c8wwb.jp/permalink-2

❷アクセス解析ツールの設定

次に、WordPressにアクセス解析ツールを設定します。アクセス解析ツールとは、ブログにアクセスしてきたユーザーの行動を記録してサイト分析をするためのツールです。

アクセス解析ツールは複数ありますが、本書では次の2つを推奨します。

- Googleアナリティクス
（https://analytics.google.com/analytics/web/?hl=ja）
- Google サーチコンソール
（https://search.google.com/search-console/about?hl=ja）

Googleが提供している無料で利用可能なツールで、サイトの分析をするのにとても便利です。

アクセス解析ツールを導入すると次のようなことがわかります。

- ブログに何人来たか？
- どの記事を何分見たか？
- どんなキーワードで検索したか？

これらの分析データを見ることで、ブログの収益を増やすために「次に何をすべきか？」の戦略を練ることができます。

「どの記事にどのくらいアクセスがあるのか？」だけでなく、「アドセンス収入が多い記事がどれか？」の順位もわかるので、効率的にアドセンス収入を増やすことも可能です。

もし、アクセス解析ツールが使用できなかったらブログで稼げなかったんじゃないか？ というくらい重要なツールです！

▼「Google アナリティクス」アドセンス収益順

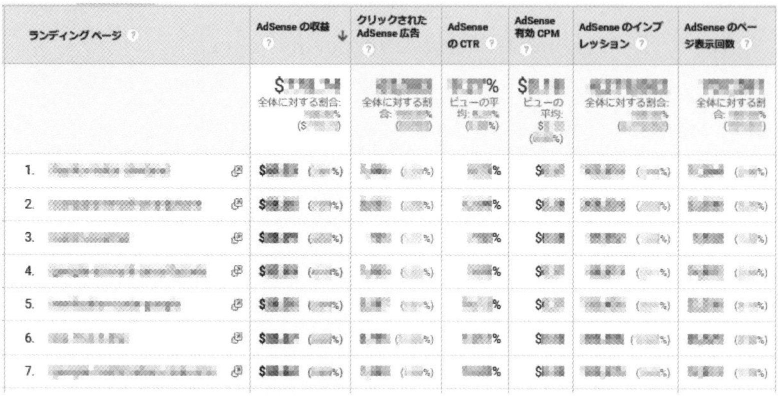

ランディング ページ	AdSense の収益	クリックされた AdSense 広告	AdSense の CTR	AdSense 有効 CPM	AdSense のインプレッション	AdSense のページ表示回数
	$[illegible] 全体に対する割合: [illegible]% ($[illegible])	[illegible] 全体に対する割合: [illegible]% ([illegible])	[illegible]% ビューの平均: [illegible]% ([illegible]%)	$[illegible] ビューの平均: $[illegible] ([illegible]%)	[illegible] 全体に対する割合: [illegible]% ([illegible])	[illegible] 全体に対する割合: [illegible]% ([illegible])
1. [illegible]	$[illegible] ([illegible]%)	[illegible] ([illegible]%)	[illegible]%	$[illegible]	[illegible] ([illegible]%)	[illegible] ([illegible]%)
2. [illegible]	$[illegible] ([illegible]%)	[illegible] ([illegible]%)	[illegible]%	$[illegible]	[illegible] ([illegible]%)	[illegible] ([illegible]%)
3. [illegible]	$[illegible] ([illegible]%)	[illegible] ([illegible]%)	[illegible]%	$[illegible]	[illegible] ([illegible]%)	[illegible] ([illegible]%)
4. [illegible]	$[illegible] ([illegible]%)	[illegible] ([illegible]%)	[illegible]%	$[illegible]	[illegible] ([illegible]%)	[illegible] ([illegible]%)
5. [illegible]	$[illegible] ([illegible]%)	[illegible] ([illegible]%)	[illegible]%	$[illegible]	[illegible] ([illegible]%)	[illegible] ([illegible]%)
6. [illegible]	$[illegible] ([illegible]%)	[illegible] ([illegible]%)	[illegible]%	$[illegible]	[illegible] ([illegible]%)	[illegible] ([illegible]%)
7. [illegible]	$[illegible] ([illegible]%)	[illegible] ([illegible]%)	[illegible]%	$[illegible]	[illegible] ([illegible]%)	[illegible] ([illegible]%)

WordPressでのGoogleアナリティクスの設定方法については、エックスサーバーであれば「【初心者向け】WordPressブログへのGoogleアナリティクス初期設定・設置方法を詳しく紹介」（https://www.xserver.ne.jp/blog/google-analytics-setting/）、ロリポップであれば「【簡単に解説】GoogleアナリティクスをWordPressに設定する方法」（https://lolipop.jp/media/how-to-set-google-analytics/）などを参考にしてください。

❸プラグインの設定

「**プラグイン**」はWordPressの機能を拡張する便利ツールです。プラグインを設定することで便利な機能を簡単に追加できます。

ただし、利用しないものや機能が重複するプラグインを設定するとトラブルの原因となるので注意が必要です。

以前「突然ブログが表示されなくなった」と連絡を受けたことがあります。ネットで調べても答えが見つからず、あるプラグインを外したら解決した……ということがありました。

また、設定しているプラグインが多いとブログの表示速度は確実に遅くなります。

ですので、必要なプラグイン以外は設定しないようにしましょう。

お勧めプラグインと設定方法は次の節で解説します。

Section 3-6 ブログを便利にする WordPressプラグイン

前節で解説したWordPressのプラグインですが、これだけは絶対に設定しておくべきというプラグインを５つ紹介します。さらにプラグインのインストール方法についても解説します。

お勧めのプラグイン５つ

筆者がお勧めする、ブログ運営に役立つプラグインは次の5つです。

❶ XML Sitemaps（旧称：Google XML Sitemaps）

XML Sitemapsはブログを検索エンジンにアピールするために重要なプラグインです。

❷ Akismet Anti-spam

Akismet Anti-spamはスパム対策をしてくれるプラグインです。

❸ BackWPup

BackWPupはブログのデータをバックアップするためのプラグインです。

❹ EWWW Image Optimizer

EWWW Image Optimizerは、ブログに掲載した画像のファイルサイズを自動圧縮するプラグインです。画面の表示速度が遅くなるのを防ぎ、またデータ転送量の削減もできます。

❺ Table of Contents Plus

Table of Contents Plusは、ブログの記事内に目次を作るプラグインです。なお62ページで紹介したテーマ「Cocoon」を使用する場合は不要です。

あると便利なプラグイン

お勧めプラグインのほかに、あると便利なのが「**Contact Form 7**」です。次のような「問い合わせフォーム」を設置するプラグインです。

▼ Contact Form 7の問い合わせフォーム

問い合わせフォームを設置することで、ユーザーからのフィードバックを得たり、企業からアフィリエイトや広告掲載のオファーが来ることがあるので、ある程度ブログが軌道に乗ったら設置してみましょう。

プラグインのインストール方法

WordPressプラグインのインストール方法を解説します。

WordPressの管理画面にログインした後、メニューから「プラグイン」➡「新規追加」を選択します。

インストールするプラグインはここで検索して探します。画面右上の検索窓に、インストールしたいプラグイン名を入力して検索します。

例として、71ページで紹介した「XML Sitemaps Auctollo」と入力して検索してみてください。XML関連のプラグインはたくさんあるので、「XML Sitemaps Auctollo」とすべて入力して探しましょう。

▼ プラグイン「XML Sitemaps」

検索して目的のプラグインが見つかったら、右上の「今すぐインストール」ボタンをクリックするとインストールできます。

ちなみに、既にプラグインがインストールされている場合は、「今すぐ更新」と表示されます。

インストールしたら「有効化」ボタンをクリックすれば、プラグインが有効になります。

Part3のまとめ

ブログを収益化したいなら、無料ブログは資産にならないのでお勧めしません。ブログで大きく稼ぎたいならWordPressブログにしましょう。

- **WordPressブログは「10分」で作れる**
- **「テーマ」を選ぼう**
- **「初期設定」を忘れずに**

1. パーマリンクの設定
2. アクセス解析ツールの設定
3. プラグインの設定

ブログの準備ができたら、いよいよブログ記事を書いてみましょう。

次のPart4では、ブログの「正しい書き方」を解説します。

column 3

ブログに役立つ お勧め無料ツール

ここではブログ運営に役立つお勧めの無料ツールを紹介します。アクセス解析ツールのGoogleアナリティクスやGoogleサーチコンソールも必須の無料ツールですが、それ以外に4つ紹介します。

❶Google Keep
❷Google ドキュメント
❸Googleキーワードプランナー
❹Canva

❶Google Keep

「Google Keep」(https://keep.google.com/)は画像の中の文字を自動でテキスト化してくれる魔法のような便利ツールです。

例えば、本を読んでいて「これは良いフレーズだ、メモしたい」と思う箇所があったとき、その箇所をスマホで写真に撮ってGoogle Keepにアップし、「画像のテキストを抽出」を選ぶだけで、次ページ図のように自動で画像内の文字をテキストにしてくれます！

❷Google ドキュメント

「Google ドキュメント」(https://docs.google.com/)はGoogleが提供するオンラインのワープロツールですが、Google ドキュメントを使えば「音声入力」ができます。

Google ドキュメントを使えば自動で文字起こしが可能です。キーボードで入力する手間が省けて超便利です。

Google ドキュメントにアクセスして「ツール」➡「音声入力」を選択すると、発声した内容を文字に自動変換してくれます！

▼「Google Keep」で「画像のテキストを抽出」を選択

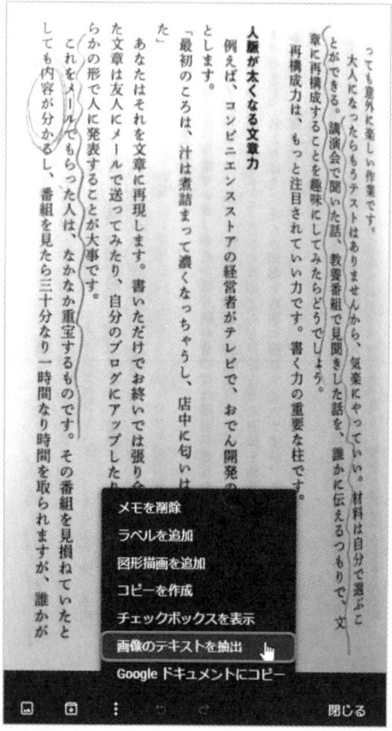

▼「Google Keep」で画像からテキストを自動抽出した状態

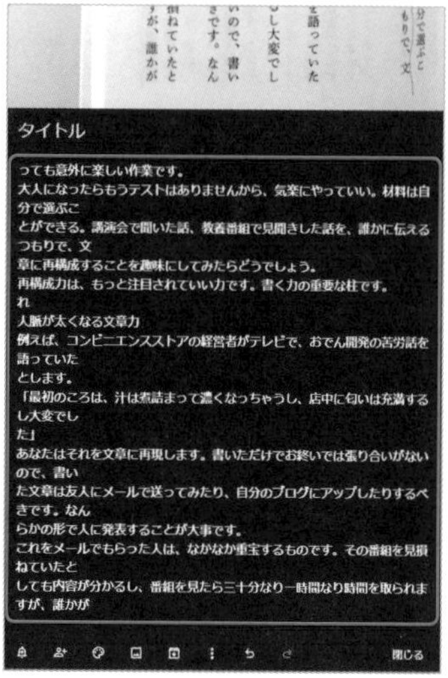

▼「Google ドキュメント」の音声入力

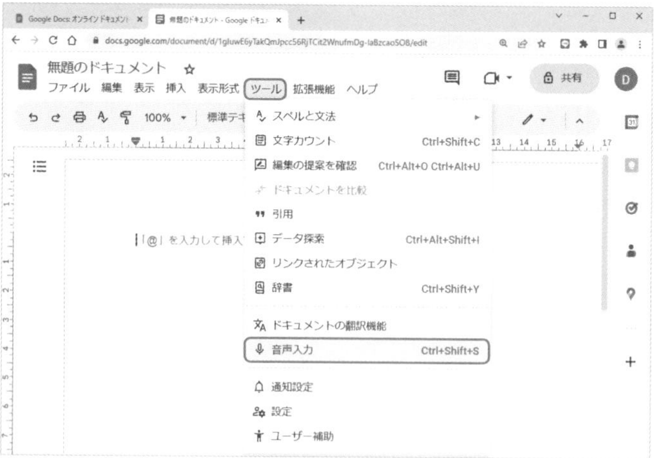

❸Google キーワードプランナー

Google キーワードプランナー（https://ads.google.com/intl/ja_jp/home/tools/keyword-planner/）は、どのようなキーワードがGoogleで検索されているのかがわかる「ブログ記事の作成」に必須のツールです。

例えば、キーワードプランナーを使って「折り紙」というキーワードを調べると、「折り紙」以外にも「折り紙 簡単」「折り紙 花」など、「折り紙」と一緒にどのようなキーワードがGoogleでよく検索されているのかがわかります。

詳しい使い方についてはPart5で解説します。

▼「キーワードプランナー」の画面

キーワード	↓ 月間平均検索ボリューム
折り紙	10万～100万
折り紙 簡単	1万～10万
折り紙 箱	1万～10万
折り紙 花	1万～10万
折り紙 立体	1万～10万
折り紙 ハート	1万～10万
折り紙 手裏剣	1万～10万
折り紙 星	1万～10万
折り紙 かわいい	1万～10万

❹Canva

筆者は、たくさんの画像作成ツールを今まで試してきましたが、今一番のお勧めは「Canva」です。

素人でも簡単に使えて、かつクオリティの高い画像が作れます。筆者のブログのアイキャッチ画像もCanvaで作っています。

▼ アイキャッチ画像（ブログのトップページ）

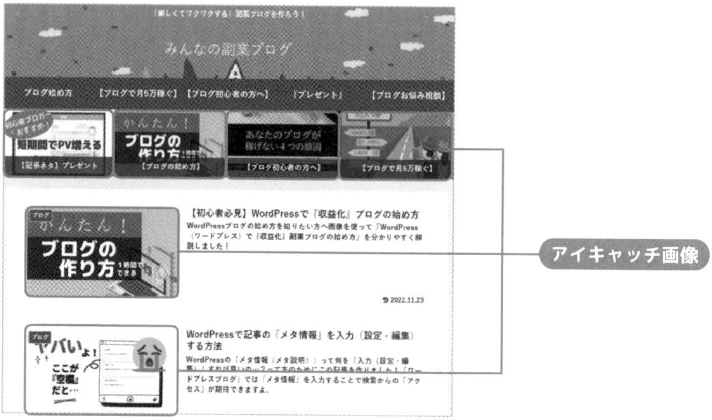

以上、お勧めの無料ツールを紹介しました。

詳しい使い方や手順など随時アップデートしています。最新の情報はこちらからご確認ください。

■ **ブログ収益化にお勧めのツール**
https://xn--9ckkn0019c8wwb.jp/blog-tool

Part

4

ブログを書いてみよう

ブログには「正しい書き方」のルールがあります。このルールを守らないとアクセス数を増やすことは困難です。でも安心してください。その正しい書き方のルールをこれから詳しく解説していきます。

Section 4-1

Googleで上位表示されやすい書き方

ブログ記事には「正しい書き方」があります。ただ漠然と記事を書くだけでは、読者にとって読みづらいだけでなく、検索エンジンの評価も低い記事になってしまい、アクセスを集めることができません。

ブログ記事を書く際に、ただ書きたいように書いていては、読者にとって読みにくい文章になってしまうだけでなく、**Googleで上位に表示されにくい記事になってしまう**ためアクセスも集まりません。

ブログは、運営が軌道に乗ってファン（リピーター）がつけば別ですが、特に初期は「検索エンジン（主にGoogle検索）経由のアクセス」がメインです。

そこでここでは、読者が読みやすく、しかもGoogleで上位表示されやすいブログ記事の「**正しい書き方**」について解説します。

記事の基本構成は5つ

記事の書き方を学ぶ前に、記事の構成を理解しましょう。

記事の基本構成は次の5つの要素です。

❶記事タイトル
❷アイキャッチ画像
❸冒頭の数行
❹見出し
❺まとめ

それぞれの要素について説明します。

▼記事の基本構成

❶記事タイトル

「**記事タイトル**」はブログ記事において非常に重要な要素です。記事タイトル次第でアクセス数が変わる！ と言っても過言ではありません。そのぐらい重要です。

なぜなら、Googleで検索した人は、検索結果画面に表示された記事タイトルを見て、その記事を読むかどうかを判断するからです。

▼Google検索の結果画面

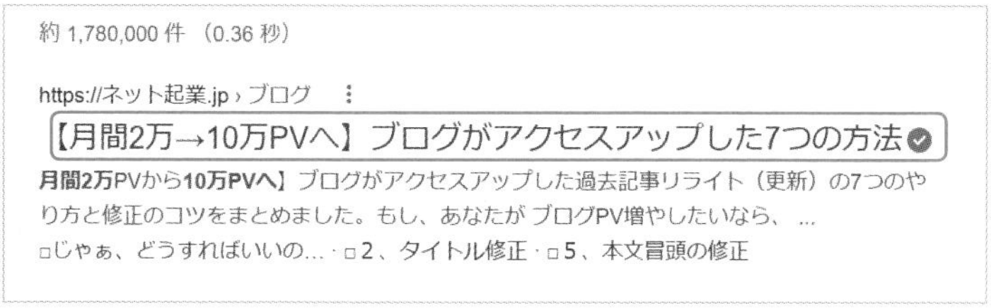

例えば、「ブログのアクセス数を増やしたい！」と悩んでいるときに

『【月間2万→10万PVへ】ブログがアクセスアップした7つの方法』

というタイトルの記事を見たら読みたくなりますよね。

「検索者の気持ち」になって、自分がどんなタイトルだったら「読みたい！」と思うか……を考えて、記事のタイトルを考えましょう。

❷アイキャッチ画像

ブログの「**アイキャッチ画像**」とは、記事にアクセスしたユーザーの目（興味）を惹きつけるための画像です。記事タイトルの下に表示されます。

▼アイキャッチ画像（ブログのトップページ）

アイキャッチ画像の目的は、単純に見栄え（デザイン性）を良くするためだけではありません。

記事内容を一瞬でイメージできるようなアイキャッチ画像を配置すれば、**読者の目に留まりやすく、記事を読んでもらえる確率が上がります。**

ちなみに、アイキャッチ画像はブログのトップページでは次のように表示

されます。

▼アイキャッチ画像（ブログのトップページ）

❸冒頭の数行

　検索エンジン経由の読者があなたのブログ記事へアクセスし、最初に目にする「**記事の冒頭の数行**」も非常に重要です。

　記事冒頭の数行を読んだとき、「この記事には私の知りたいことが書いてあるかも……」と感じないと、すぐページを閉じてしまう（離脱する）からです。

　自分でも、検索したページの冒頭の数行を読んだときに「あれ、なんか探してるのと違う……このページじゃないな……？」と感じるとページを閉じますよね。

　だからこそ、冒頭の数行で「この記事にはあなたの知りたいことが書いてありますよ」としっかり伝えることが重要です。

❹見出し

ブログの「**見出し**」とは「トピックや章ごとのタイトル」のことです。 ブログ記事は複数のトピックから成り立っていて、それぞれのトピックのタイトルに当たるものが「見出し」です。

例えば「フランス料理のマナー」に関する記事の場合、次のような見出しが考えられます。

- **服装のマナー**
- **「ナイフ・フォーク」の使い方**
- **「ナプキン」の使い方**

このように見出しが並ぶと、どんな内容の記事かイメージしやすくなりますよね。

このように**見出しだけ読めば「何となく書いてあることがわかる」ような記事にすると、読者にとって読みやすい記事になります**。

逆に、実際に本文を書くときは、まず見出しを書いてから本文を書く手順にすると、とても書きやすくお勧めです。

❺まとめ

記事の最後には「**まとめ**」という項目を作って、記事の内容をわかりやすく簡潔にまとめましょう。

そうすることで、読み手の頭の中がスッキリし、記事への満足度が上がります。

次節以降で、それぞれの具体的な書き方について解説していきます。

Section 4-2

アクセス数が増える「記事タイトル」の作り方

ブログ記事を一生懸命書いたのに、「記事タイトル」が悪いのが原因でアクセス数が増えないというケースがたくさんあります。記事タイトルの基本とアクセス数が増えるコツをまとめたので、実践してみてくださいね！

「記事タイトル」を作る（基本編）

まず「記事タイトル」作りの基本を理解しましょう。
記事タイトルを決める際、次の２つの条件は必ず守ってくださいね。

❶ 文字数は全角「27文字」前後
❷ 選定した「キーワード」を入れる

順番に説明します。

❶ 文字数は全角「27文字」前後

記事タイトルの文字数は必ず全角27文字前後にします。なぜ27文字かというと、Googleで検索結果表示されるときの文字数が27文字だからです。

次の例では、タイトルの文字数が多すぎて検索結果に表示できていません。

▼検索結果表示例１（30文字の場合）

ネット起業.jp › ブログ ▾
【ブログ初心者向け】SEO（検索）に強い記事の『正しい ...
□検索に強いブログ記事の書き方 に移動 — 【ブログ初心者向け】SEO（検索）に強い記事の『正しい』書き方. ブログ. 2021.01.20 ...
□検索に強いブログ記事とは... · 1】記事のテーマ... · 5】「目次」の中で書ける...

【ブログ初心者向け】SEO（検索）に強い記事の『正しい』**書き方**

この記事タイトルは全角30文字なので、Googleの検索結果では途中で切れてしまいます。なお半角2文字は全角1文字に相当します。

次の例は27文字にタイトルを収めた記事です。

▼検索結果表示例2（27文字の場合）

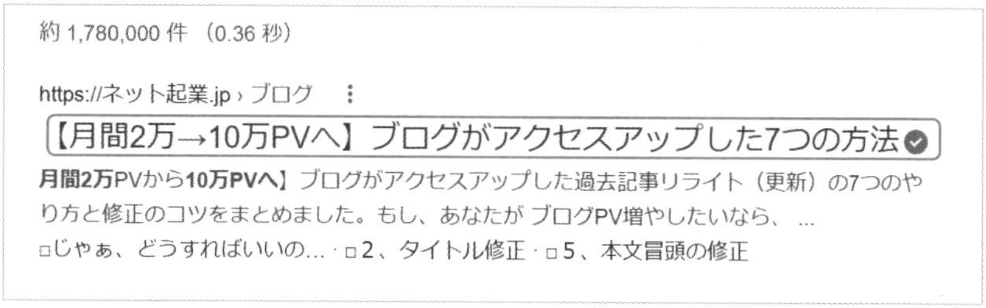
約 1,780,000 件 （0.36 秒）

https://ネット起業.jp › ブログ ⋮

【月間2万→10万PVへ】ブログがアクセスアップした7つの方法

月間2万PVから**10万PVへ】** ブログがアクセスアップした過去記事リライト（更新）の7つのやり方と修正のコツをまとめました。もし、あなたが ブログPV増やしたいなら、 ...

□じゃぁ、どうすればいいの... · □2、タイトル修正 · □5、本文冒頭の修正

【月間2万→10万PVへ】ブログがアクセスアップした7つの方法

この記事タイトルは全角27文字なのでピッタリ表示されます！

一方、次の記事タイトルは27文字を超えていますが、最初の例1とはちょっと印象が違います。

▼検索結果表示例3（27文字超だが意味が伝わるケース）

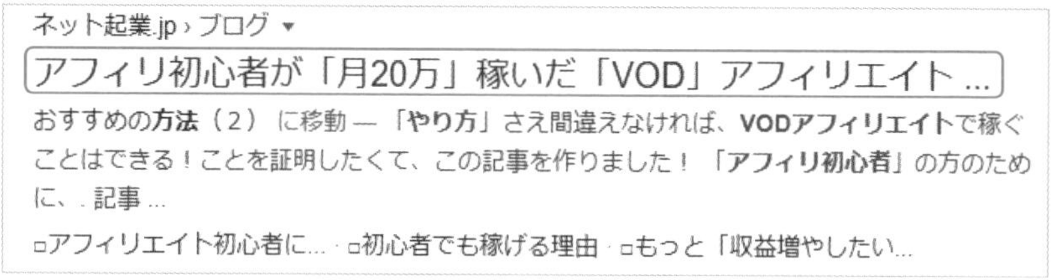
ネット起業.jp › ブログ ▾

アフィリ初心者が「月20万」稼いだ「VOD」アフィリエイト ...

おすすめの**方法**（2） に移動 — 「**やり方**」さえ間違えなければ、**VODアフィリエイト**で稼ぐことはできる！ことを証明したくて、この記事を作りました！ 「**アフィリ初心者**」の方のために、. 記事 ...

□アフィリエイト初心者に... · □初心者でも稼げる理由 · □もっと「収益増やしたい...

アフィリ初心者が「月20万」稼いだ「VOD」アフィリエイト**のやり方！**

この記事タイトルの場合、表示される27文字で記事の内容が伝わるのでOK！

ですので、考え方としては**27文字で記事の内容が伝わるタイトルにする**、としましょう。

❷選定した「キーワード」を入れる

自分が検索エンジンで情報を探している立場であれば、検索したときに記事タイトルに検索キーワードが含まれていたほうが、リンクをクリックしやすいですよね（なお検索キーワードについてはPart5で詳しく説明します）。

そのため、記事タイトルにはできるだけ検索キーワード（目標キーワード）を含めるようにします。

ただし、キーワードを詰め込みすぎて日本語として不自然なタイトルにするのは逆効果です。

Google公式サイトにも次の記載があります。

> タイトルリンクは、検索結果のコンテンツをユーザーが一目でわかるように表示し、クエリとの関連性が高い理由をはっきりと伝えるうえで不可欠です。どのサイトをクリックするかはタイトルで決定することが多いため、ウェブページには**質の高いタイトル** テキストを使うことが重要です。
>
> 【出典】：Google ウェブマスター向けガイドライン（強調部分は筆者による）
> https://developers.google.com/search/docs/appearance/title-link?visit_id=637957382624918997-892572828&rd=1

この場合のGoogleの言う「**質の高いタイトル**」というのはどのようなものでしょうか。

それは、**検索結果が一目でわかるタイトル**のことです。

では、そのようなタイトルを作るにはどうしたら良いのでしょう。

その方法を解説します。

アクセス数が増える「記事タイトル」を作るコツ

質の高い記事タイトル、検索結果が一目でわかるタイトルを作るコツは次の３つです。

❶検索者の気持ちになって考える
❷他にない「インパクト」で目を引く
❸真似をする

この３つのうち、どれか１つでも取り入れるだけで、あなたの「記事タイトル」はグッと良くなります。３つ同時にやらなくても大丈夫です。

❶検索者の気持ちになって考える

記事タイトルを考える際に、**検索者の気持ちになって**次のことについて考えてみましょう。

- 検索者が何を知りたいか？
- 検索者が何に興味あるか？

もし、あなたが検索結果の記事タイトルを見た瞬間に「**この記事に自分が知りたい答えが書いてありそう！**」って感じたら、リンクをクリックしますよね。

だから、検索者の気持ちになって考えてタイトルを作りましょう！

ちょっとわかりにくいと思うので具体例を挙げて説明しますね。

(例)「VOD アフィリエイト やり方」

例えば「**VOD　アフィリエイト　やり方**」というキーワードで検索した人はどんなことが知りたいでしょうか。

VODアフィリエイトとは、動画配信サービス(HuluやNetflix、Amazon Prime Videoなど)を案件としたアフィリエイトです。

「VOD アフィリエイト やり方」で検索しているわけですから、検索者は

- VODアフィリエイトのやり方を知りたい
- どのぐらい**稼げる**のかな…?
- **アフィリエイト初心者**でもできるのかな…?

などの情報を知りたいと推測できます。

そこで、次のようなタイトルをつけました。

アフィリ初心者が「月20万」稼いだ「VOD」アフィリエイトのやり方!

▼タイトル例「VOD アフィリエイト やり方」

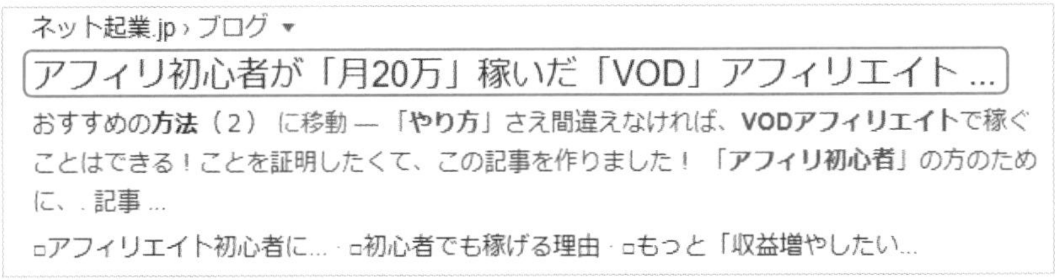

つまり、この記事を読めば「アフィリ初心者のあなたでもVODアフィリで月20万稼げる(かも)」ということを伝えるタイトル」にしたのです。

❷他にない「インパクト」で目を引く

筆者が記事タイトルを作るうえでいつも意識していることは、**Google検索結果の上位の記事のタイトルを「真似しない」**ことです。

これはどういうことかというと、Googleで上位の他の記事と同じようなタイトルをつけてしまうと、埋没して目立たなくなりクリックされにくいからです。

そのうえで、記事のタイトルには次の要素を盛り込むように意識しています。

❶目を引く言葉
❷クリックしたくなる言葉
❸具体的な数字

例えば、次の記事のタイトルを見てください。

▼Google検索の結果画面

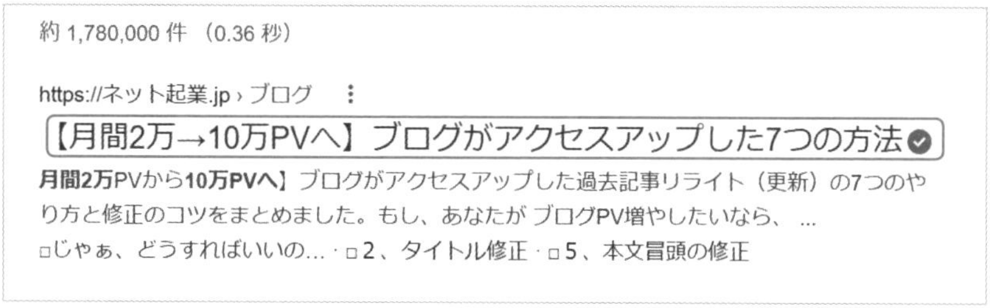

この記事タイトルでは、次のように要素を盛り込みました。

❶目を引く言葉 ⇒【月間2万→10万PVへ】
❷クリックしたくなる言葉 ⇒ アクセスアップ
❸具体的な数字 ⇒ 7つの方法・【月間2万→10万PVへ】

このように検索者が思わずクリックしたくなるタイトルをつけましょう。

「数字」を使ってインパクトを出す

「目を引く言葉」「クリックしたくなる言葉」「具体的な数字」の３つの要素すべてを入れたタイトルを作るのは、最初はなかなか難しいかもしれません。

そこでまずは記事タイトルに「**数字**」を入れられないか考えてみましょう。これだけで、だいぶインパクトが出ますよ！

例えば、次のような記事タイトルがあったとします。

簡単「ストレッチ」でダイエット

この記事タイトルに数字を入れてみましょう。

毎日５分！簡単「ストレッチ」で１ヶ月で3kgダイエット

どうでしょうか。かなりインパクトがありますよね。

もちろん、記事内容とリンクしていることが大前提ですが、記事内容から数字を抜粋してタイトルに含めることを意識してみましょう。

❸真似をする

前ページで「真似をしない」と言いましたが、これは同じ目標キーワードで表示される検索結果の他のページの記事タイトルを真似しない、という意味でした。

それを踏まえたうえで、筆者がお勧めするのは「**反応の良いタイトルを真似する**」ことです。ゼロから「良い記事タイトル」をひねり出すのは非常に難しいことです。そうであれば、ネット上で見かけた良さそうな記事タイトルをメモしたり、記事タイトルを自動生成してくれるサービスを参考にしたりして、インパクトのある記事タイトルを作ってみましょう。

具体的には、次のような手法を用います。

❶「コピーメカ」で良いタイトル例を見つける
❷ネットで見つけた良いタイトルをメモする

これらをタイトル作成時の参考にします。

❶「コピーメカ」で良いタイトル例を見つける

「**コピーメカ**」（http://www.copymecha.com/index.php）は、入力したキーワードに応じたキャッチコピーを自動生成してくれるサイトです。

▼コピーメカ（http://www.copymecha.com/index.php）

例えば「タピオカ」と入力してみると、次のようなキャッチコピーを自動生成してくれます。

- **頑固者のオヤジが買いたかったタピオカ**
- **30年後のアナタのためのタピオカ**
- **魔法のタピオカ**

もちろん、これはコピーメカが自動生成したもので、記事の内容とは関係ありません。しかし、ヒントになる言い回しなどが見つかるかもしれません。
　筆者はこの中から「魅力的なタイトル案」をメモしておき、タイトルを作るときの参考にしています。

❷ネットで見つけた良いタイトルをメモする

「サイト」「SNS」「メルマガ」など、あらゆるサイト上で見かけた「見てみたい！」と感じるタイトルがあったらメモしておきましょう。
　例えば、ニュースサイトの記事のタイトルなどは参考になります。筆者はよく「東洋経済オンライン」（https://toyokeizai.net/）の記事タイトルを参考にしています。思わず読みたくなるタイトルがたくさんあります。

▼東洋経済オンライン（https://toyokeizai.net/）より

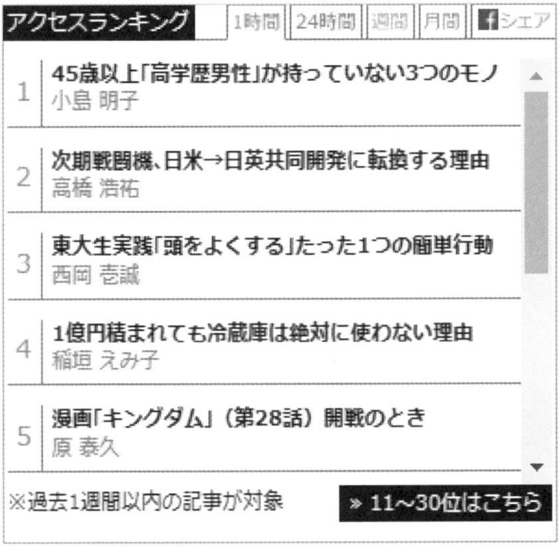

　このように、日頃からタイトル案をメモしておいて、タイトルを作る際に参考にすると、短時間で反応のとれるタイトルが作れるので便利でお勧めです！

記事タイトルの作り方のまとめ

▼「記事タイトル」の作り方

基本

- 文字数は全角「27文字」前後
- 選定した「キーワード」を入れる

コツ

- 検索者の気持ちになって考える
- 他にない「インパクト」
- 真似をする

記事タイトルの作り方について解説しました。基本の2つは必ず押さえてください。また、コツの3つは、すべてを実践する必要はありません。どれか1つでも取り入れるだけでタイトルがグッと良くなりますよ！

繰り返しになりますが、よい記事タイトルをつけるコツは、「**検索者が何を知りたいか？**」「**検索者が何に興味があるか？**」を考えることです。

検索者の気持ちになって、どんなタイトルだったら「読みたい！」と思うかを常に考えましょう。

誰でも最初はうまくできないので安心してください。数をこなせば誰でも上手になります。

Section 4-3

「アイキャッチ画像」の作り方

「アイキャッチ画像」はブログのアクセス数を増やすのに効果的なので、ぜひ作りましょう！「作るのが難しそう……」と不安に思うかもしれません。でも安心してください。実は、フリー素材とツールを使えばアイキャッチ画像は簡単に作成できるんですよ！

アイキャッチ画像はアクセス数アップに効果あり！

ブログ記事の「**アイキャッチ画像**」を作ると、次の３つのメリットがあります。

1. 読者の目に留まりやすいため記事を読んでもらえる確率が上がる
2. ブログの見栄え（デザイン性）が良くなる
3. SNSでの拡散効果がある

記事を読んでもらえる確率が上がる

▼アイキャッチ画像（ブログのトップページ）

これは筆者が運営するブログ「みんなの副業ブログ」のトップページです。アイキャッチ画像は目立つので、アイキャッチがあるのとないのとでは、記事を読んでもらえる確率に違いが出ます。

また、ブログ全体の雰囲気やデザイン性がアップするメリットもあります。

SNSでの拡散効果がある

アイキャッチ画像は、基本的に検索画面には表示されないことが多いです。

しかし、SNSからの流入を狙う場合には非常に重要です。ブログ記事のアイキャッチ画像は、YouTubeに例えると「**サムネイル**」のような役割を果たします。

▼Twitterでの「アイキャッチ画像」

前ページの図は、ブログ記事のリンクをツイートした際の表示例です。

Twitterでは非常に目立つため、ブログにたくさんのアクセスを集めることも可能です。

アイキャッチ画像があれば、パッと見でユーザーの目に留まり、記事がクリックされやすくなるためです。

次の図は、アイキャッチ画像がある記事と、ない記事のTwitterでの表示例です。アイキャッチ画像がないままSNSに投稿すると、ユーザーの目に留まらず、見逃されやすいことがわかります。

▼アイキャッチ画像がある記事と、ない記事のTwitter上での見え方の違い

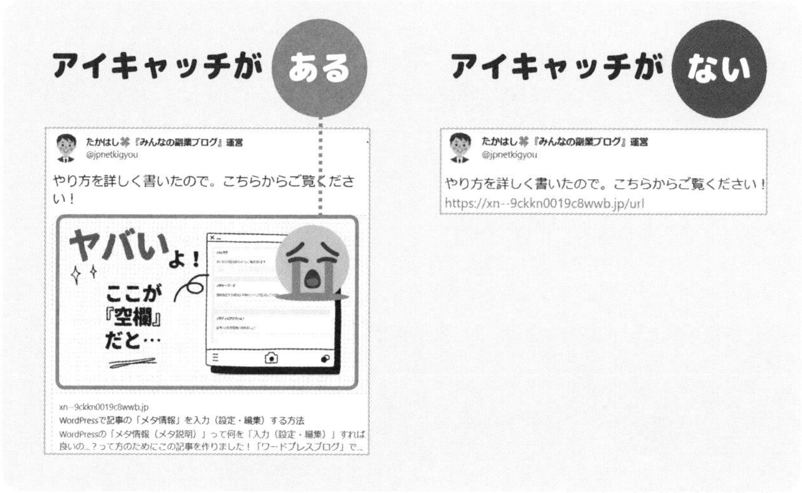

アイキャッチ画像があると記事の内容が一目でわかり、情報量が格段に違います。

お勧めのフリー写真素材

アイキャッチ画像にはアクセス数が増える効果がいっぱいあるので、ぜひ作ってみてください。

アイキャッチ画像には**フリー素材**を活用しましょう。フリー素材とは無料で利用できる画像やデータのことです。

わかりやすく言うと「**ルール（ライセンス）を守って使えば、あなたのブログで写真（イラスト）素材を無料で自由に使っていいよ！**」というものです。

なお、他人のブログやサイトの画像を無断使用するのは絶対にやめましょう。

筆者が利用しているお勧めのフリー素材サイトは「**ぱくたそ**」（https://www.pakutaso.com/）と「**O-DAN**」（https://o-dan.net/ja/）です。とても綺麗な画像が無料で利用できます。

❶フリー写真素材：ぱくたそ

▼ぱくたそ（https://www.pakutaso.com/）

❷フリー素材検索ツール：O-DAN

▼O-DAN（https://o-dan.net/ja/）

素材によってライセンスが違うことがあるので、
必ずその素材のライセンスを確認しましょう。

Canvaでアイキャッチ画像を作る

記事のイメージに合ったフリー素材を入手したら、アイキャッチ画像を作成してみましょう。

77ページのコラムでも紹介した「**Canva**」（https://www.canva.com/）というツールを使えば、次ページのようなアイキャッチ画像が簡単に作成できます。

▼アイキャッチ画像

「楽しくてワクワクする」副業ブログを作ろう！
みんなの副業ブログ
ブログ始め方
【ブログで月5万稼ぐ】
【ブログ初心者の方へ】
『プレゼント』
【ブログお悩み相談】
初心者ブロガーにおすすめ！
短期間でPV増える
【記事ネタ】プレゼント
かんたん！
ブログの作り方
【ブログの始め方】
あなたのブログが稼げない４つの原因
【ブログ初心者の方へ】
YOUR TRIP
AMERICA
AFRICA
EUROPE
【ブログで月5万稼ぐ】
ブログ
かんたん！
ブログの作り方
1時間でできる
【初心者必見】WordPressで『収益化』ブログの始め方
WordPressブログの始め方を知りたい方へ画像を使って「WordPress（ワードプレス）で『収益化』副業ブログの始め方」を分かりやすく解説しました！
2022.11.23
ブログ
ヤバいよ！
ここが
『空欄』
だと…
WordPressで記事の「メタ情報」を入力（設定・編集）する方法
WordPressの「メタ情報（メタ説明）」って何を「入力（設定・編集）」すれば良いの…？って方のためにこの記事を作りました！「ワードプレスブログ」では「メタ情報」を入力することで検索からの「アクセス」が期待できますよ。

Section 4-4

冒頭には「答え」を書こう！

記事の本文でもっとも重要なのが「冒頭」です。なぜなら、この冒頭の数行を読んで「この記事には私の知りたいことが書いてあるかも……」と思われないと、検索者はすぐにページを閉じてしまうからです。なので記事冒頭には検索者が知りたい「答え」を書きましょう。

「冒頭」に結論（答え）を書く

検索してクリックしたページの冒頭の数行を読んで「あれっ、なんか違う、このページじゃないな……？」と感じてページを閉じたことが、あなたにもないでしょうか。

自分のブログがそうならないために、冒頭の数行を読んだ瞬間、あなたの知りたい「答え（情報）」がここにありますよ！と読者に伝わるようにしましょう。

そのために、**記事の冒頭にはキーワードで検索した人が探している「答え」を書いてあげましょう**。

答えがすぐにわかる記事を検索者は望んでいますし、検索エンジン（Google）も上位表示するからです。検索キーワードについてはPart5で詳しく解説します。

次ページの図は、「おすすめしない　副業」という目標キーワードで作成した記事の例です。冒頭に「3年間副業した私が『おすすめしない副業』は『7つ』。『知識やスキルが身につかない』副業」と結論を書いています。

冒頭に答えを書いたら、そこだけ読んですぐにページを閉じてしまうのでは……？ と思うかもしれません。しかし、実際はそんなことはありません。

検索者は、その答えの理由が知りたくて、画面をスクロールして本文も読んでくれます。安心してください。

▼記事の冒頭には答えを書こう

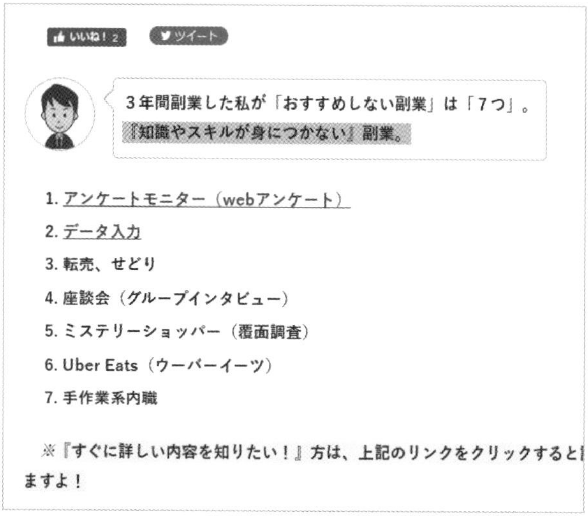

いいね！2　ツイート

3年間副業した私が「おすすめしない副業」は「7つ」。
『知識やスキルが身につかない』副業。

1. アンケートモニター（webアンケート）
2. データ入力
3. 転売、せどり
4. 座談会（グループインタビュー）
5. ミステリーショッパー（覆面調査）
6. Uber Eats（ウーバーイーツ）
7. 手作業系内職

※『すぐに詳しい内容を知りたい！』方は、上記のリンクをクリックすると
ますよ！

人間は「**結論を聞いたあとに、エビデンスが欲しくなる**」のです。

理由とか原因とか、その過程を知ったあとで「確かにそうかも」と納得するのです。

ですので、記事の冒頭には、検索者が知りたい答えを書いてあげましょう。

▼冒頭に答えが「ある」「ない」の違い

Section 4-5

読みやすいブログにする3つのポイント

ブログ記事は「ちょっとしたコツ」を知っているだけで、圧倒的に読みやすくなります。ここではそのちょっとしたコツを3つ紹介しますので、ぜひやってみてくださいね！

❶記事の最後に「まとめ」を書く

記事の最後に「**まとめ**」という項目を作って、記事の内容をわかりやすく簡潔にまとめて伝えましょう。

まとめは次の囲み部分のように箇条書きにするとわかりやすいです。

▼「まとめ」の書き方（箇条書き）

【まとめ】

- 「おすすめしない副業」は、『知識やスキルが身につかない』仕事（以下の７つ）

1. アンケートモニター（webアンケート）
2. データ入力
3. 転売、せどり
4. 座談会（グループインタビュー）
5. ミステリーショッパー（覆面調査）
6. Uber Eats（ウーバーイーツ）
7. 手作業系内職

- これらを副業にしても「スキルアップしない」ので時間のムダ
- 副業するなら「本業」の昇給や昇格、「転職」に有利になるものを選ぼうまた、次のような「記事内容の要約」もわかりやすいのでお勧めです。

▼「まとめ」の書き方（記事の要約）

【まとめ】

「動画配信サービス」での「報酬獲得」までの「流れ」はこうです。

1. 『集客記事』
2. 『動画配信サービスの紹介記事』
3. 『申込』→「報酬獲得」

つまり、

『集客記事』が「重要」って事はお分かりいただけましたでしょうか？

読み手が記事の最後にまとめを読むと、頭の中がスッキリして満足度が上がります。「この記事、わかりやすい！」と思ってもらえたら他の記事も読んでもらえるかもしれませんし、ブックマークして後日またアクセスしてくれるかもしれません。

ちなみに、次ページの図のように「まとめ」の下に「おすすめ記事」を紹介するとアクセス数が増えますよ！

▼「まとめ」の書き方（おすすめ記事）

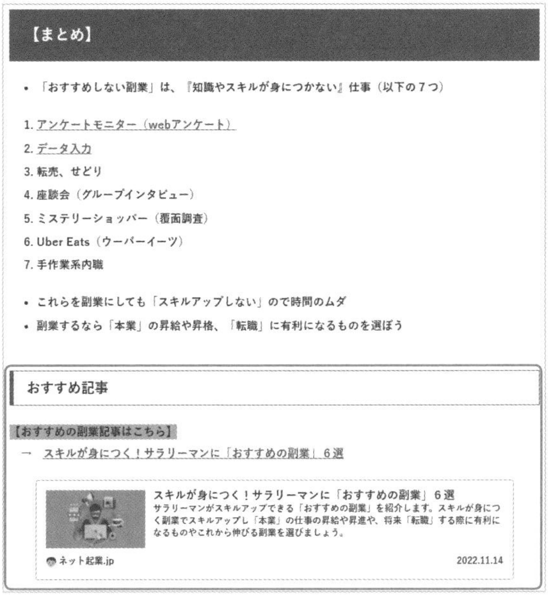

読み手の心理として「この記事わかりやすい！　あっ、このお勧め記事も読んでみよう！」となり、別の記事も読んでくれる人が増えるようです。

❷スマホでも確認する

記事を作成したら、パソコンだけでなくスマホでも記事を確認しましょう。

なぜなら、**ブログのアクセス数の70〜80%はスマホからのアクセスだから**です。

パソコンでは問題なく表示されているのに、スマホで見るとレイアウトがぐちゃぐちゃに崩れていることがあります。

それだとすぐに記事を閉じられてしまう（離脱されてしまう）ため、いつまで経ってもGoogleで上位表示されません。

パソコンで記事を作成しているときは問題なくても、スマホで見たときに次のような点についてチェックしましょう。

- 文字が小さくないか？
- 変なところで改行され読みづらくないか？
- 画像が小さすぎて見えにくくないか？

パソコンでスマホ画面をチェックできる！

スマホを持っていなくても大丈夫です。パソコンでスマホ画面での見え方をチェックできます。Chromeブラウザの機能を使います。

パソコンでChromeを起動し、チェックするブログの記事を表示します。

Ctrl＋Shift＋Iキーを押すと、デベロッパーツールが起動します。これでスマホ画面でブログの記事がどう見えるか簡単にチェックできますよ！

▼パソコンでスマホ画面をチェック

❸重要な箇所は「強調」しよう

ブログの文章で「特に読んでほしい！」という重要な箇所は強調しましょう。

- 太字
- 赤字
- 黄色のマーカー

基本的に、読者は「文章をほとんど読んでいない」ので、重要なところは強調しないとスルーされてしまい、結果としてわかりにくい記事という印象をもたれてしまいます。

次の3つの例を見てください。1つ目は強調なし。2つ目はすべてをマーカーで強調したもの。3つ目は適切に強調するべき箇所とそうでない箇所を区別したものです。

❶強調なし　×

▼強調なしの場合

一番効果的な「内部リンク」は…？

「結論」から言うと、ベストな選択は「テキスト」&「ブログカード」の組み合わせ！

一般的には、「テキストリンク」だけ。もしくは「ブログカード」だけ。というブログが多いですが、両方のリンクを貼った方がクリック数が多いことが分かりました。

❷すべてマーカー　✕

▼すべての文章をマーカーしている場合

一番効果的な「内部リンク」は…？

「結論」から言うと、ベストな選択は「テキスト」&「ブログカード」の組み合わせ！

一般的には、「テキストリンク」だけ。もしくは「ブログカード」だけ。というブログが多いですが、両方のリンクを貼った方がクリック数が多いことが分かりました。

❸強調するべき文言のみ強調　◎

▼強調の正解例

一番効果的な「内部リンク」は…？

「結論」から言うと、ベストな選択は「テキスト」&「ブログカード」の組み合わせ！

一般的には、「テキストリンク」だけ。もしくは「ブログカード」だけ。というブログが多いですが、**両方のリンクを貼った方がクリック数が多い**ことが分かりました。

適切なキーワードを強調していて、ちょうど良いバランスで読みやすいですよね。

1つの見出しから続く文章の中（1センテンス）で、強調箇所は多くても2〜3箇所が適量です。

使いすぎると画面が「真っ赤」や「黄色でテッカテカ」になり、逆に読みづらくなります。

強調は記事内で「特に読んでほしい！」という重要な箇所にだけ使うと効果的です。

Section 4-6

ブログって何を書けばいいの？

「ブログ始めたけど何書いていいのか全然わからない！」「どういうこと書けばいいの？」という人は多いはず。ここでは初心者でもアクセスを集めることができるテーマについて解説します。

❶体験談

ブログでは「**体験談**」の書かれた記事が「アクセス数」が集まりやすいです。なぜなら、レビューや感想は「ユーザーの生の声」であることと、体験談を元にした記事は他の記事にはない情報だからです。

あなたも、他の人のレビューを見て飲食店に行ってみたり、商品を購入したことはありませんか？

- 食べログでのレビューを見てから店を決める
- Amazonのレビューを見てから購入する

人は、誰かの体験談やレビュー、感想などが大好きです。

そういう記事は「人に喜ばれる」「人の役に立つ」記事なんです。

例えば、ブログを頑張っているあなたは、次のような記事に興味関心があると思います。

- ブログで毎月10万円稼げるようになった方法
- 10万PVになるまでに、私がやったこと

そのため、こういう体験談にはアクセスが集まるのです。

「体験談」は上位表示されやすい

自分にとってはただの「体験談」で「誰がこんな話、興味あるの？」と思うかもしれません。しかし、**自分にとっては当たり前のことでも、他人にとっては非日常**なのです。

それは他のサイトが提供していない個性的なコンテンツなのです。

そういう体験談は読者の役に立つことが多いので、Googleで上位表示されやすいんですよ！

例えば筆者の場合、次のような体験談をまとめた記事を投稿したことがあります。

- **「ブラック企業」でパワハラを受けた体験談**
- **就活時に不合格だった業界に転職した体験談**

この記事を読んだ人から、次のようなメッセージをもらい、感激しました。

- **他人のブログ記事で、面白くて最後まで読んだのはこれが初めてです！**
- **転職で悩んでいる方には最高に『有益』な記事ですね！**

体験談はアフィリエイトと相性バッチリ！

このように、あなたの体験談を記事にする場合は、次のようなことを思い出して記事にするだけで読者にとって役に立つ内容になります。

- **当時の悩みや困ったこと**
- **当時役に立ったこと**
- **体験してよかったこと、後悔していること**
- **失敗したこと**

ちなみに、筆者は転職サポート会社を利用し理想の転職ができたので、その体験談とあわせて転職サポート会社を紹介してアフィリエイト報酬を得ています。

▼アフィリエイト報酬（https://www.a8.net/）

これは筆者の体験談（一例）です。転職案件があなたにも稼ぎやすいということではありません。

このように「読者の役に立つ」記事はGoogleで上位表示され稼ぐことができるのです。

Google公式サイトにも次のように書かれています。

> ウェブ上の多くのサイトに掲載されているようなコンテンツで構成されたアフィリエイトのためだけのサイトは、Google 検索結果で上位に表示されず、検索エンジンによる評価が低くなる可能性があります。関連性が高い独自のコンテンツを提供すれば、ユーザーに価値をもたらし、サイトを他のアフィリエイト サイトと差別化できるため、サイトが Google 検索結果の上位に表示される可能性が高くなります。
>
> 【出典】：Google ウェブマスター向けガイドライン
> https://developers.google.com/search/docs/advanced/guidelines/affiliate-programs?hl=ja

体験談は「**関連性が高い独自のコンテンツ**」に該当するため、当然Googleでの評価も高くなり上位表示されやすいのです。

体験談なんてそうそう思い浮かばない、という人へ

もし「何も思い浮かばないなぁ……」と言う人にヒントです。

次のようなことをぼぉ～っと考えるだけでもアイディアが浮かんできますよ。

- **１週間の中で多くの時間をかけているもの**
（例）ジョギング、読書、子育て、資格取得の勉強、投資……など
- **友人などから「それ、すっごい好きだよね…」と言われること**
（例）ゲーム、漫画、アイドル、旅行、スイーツ……など

もちろん、あなたの仕事や職場の中にもヒントがあります。仕事中に同僚から「すごいね！」と褒められたことなど……。

特に「**自分ではすごいことだとは思っていないのに、他人から褒められたこと**」は意外にあなた自身が気づいていない盲点だったりします。

例えば、次のような経験はないでしょうか。

- **「パソコンやスマホ」についてよく質問される**
- **「美味しいお勧めの店を教えて」とよく聞かれる**
- **「おしゃれ」だと言われる**
- **「アウトドア」に詳しいと思われている**

こんな感じで、職場の仲間や知人などから過去にどんなことを言われたか、「すごいね！」と褒められたことがないかを思い出してみてください。

「お前って、〇〇だよな」の「〇〇」の部分に、ブログの記事ネタになるようなヒントが隠されていますよ！

❷検索してもすぐ答えが見つからないこと

読者目線でブログ記事のテーマを考えてみましょう。

Googleで検索したけど答えがなかなか見つからない……。いろんな検索キーワードで検索してやっと答えにたどりついた、そんな経験ありませんか？

例えば次のようなケースです。

- **パソコンの不具合**
- **スマホアプリの使い方**
- **ニュースで耳にした「聞き慣れない言葉」**

ちなみに筆者は最近、パソコンを買い替えた際に、旧パソコンから新パソコンへのデータ移行のやり方がわからなくて検索したのですが、なかなかわかりやすい記事が見つからず苦労しました。

そこで、その後に自分でわかりやすい記事を作って公開しました。

世の中には、あなたと同じことで困っている人がいます。その疑問にズバッ！っと答える記事を作ると検索で上位表示されますよ！

Google公式サイトにも次のように書かれています。

> Google で検索し、関係する分野で話題になっている事柄を探すのも 1 つの手です。疑問に対する良い答えが見つからない場合は、その疑問をブログに投稿してみましょう。他の人も同じ疑問の答えを探している可能性があります。
>
> 【出典】：Google ウェブマスター向けガイドライン
> https://developers.google.com/search/docs/fundamentals/seo-starter-guide?hl=ja

上記の通り「疑問に対する良い答えが見つからない場合、その疑問の答えを探している人が他にもいる」から、その答えになる記事に価値があることをGoogleも示しています。

Googleは検索者の疑問に答える記事を高く評価し、検索上位に表示してくれます。

PART 4 ブログを書いてみよう

Section 4-7

稼げるブログジャンルの選び方

初心者からの質問で、複数のジャンルを扱う「雑記ブログ」と、1つのジャンルだけ扱う「特化ブログ」どっちがいいの？ と聞かれます。そんなとき、筆者はいつも同じ回答をしています。ブログ初心者は「雑記ブログ」から始めるのがお勧めです。

最初は「雑記ブログ」がお勧めの理由

ブログには複数のジャンルの記事を扱う「**雑記ブログ**」と、特定ジャンルの記事だけを扱う「**特化ブログ**」があります。

▼雑記ブログと特化ブログ

雑記ブログ

ビジネス
- メールの書き方
- 営業
- 転職

趣味
- 筋トレ
- 自転車
- 手芸

投資
- チャート
- デイトレ
- 投資信託

副業
- ブログ
- アフィリエイト
- Webライター

特化ブログ

プログラミング

プログラミング一般
- 言語
- 基本文法
- アルゴリズム

Python
- 環境構築
- ライブラリ
- 機械学習

PHP
- フレームワーク
- Web開発
- セキュリティ

VBA
- マクロ
- 自動化
- 配列

　初心者の場合、最初はいろんなジャンルの記事を書く雑記ブログから始めて、記事の中からアクセス数が伸びるジャンルを見つけたら、そのジャンルで特化ブログにしていくという戦略がお勧めです。
　ブログを始めたばかりの人が「特定のジャンルに特化してブログを書きたい！」と思っても、ジャンルを１つに絞ることはお勧めしません。
　なぜなら、そのジャンルではすでに先行する強力なライバルがいて、これからブログを始めても勝ち目のないジャンルである可能性が高いからです。
　我々が頭の中で簡単に思いつくようなジャンルは、すでに先輩ブロガーたちが攻略してる場合がほとんどです。
　実際に筆者はそれで苦い経験をしました。
　筆者がブログを始めたばかりの頃、まさに**強いライバルがいるジャンルで記事を投稿してしまったため、まったくアクセス数が増えず挫折した**のです。
　実は、ブログを始めてから５年経った今でも、その記事は検索結果上位表示できていません。強いライバルがいるジャンルだとそれが当たり前なのです。
　成功確率をアップさせるためにも、特定のジャンル１つに絞らずに、複数のジャンルの記事を書く雑記ブログをお勧めします。

▼雑記ブログでさまざまなジャンルを扱い、伸びた記事のジャンルに注力する

雑記ブログ➡特化ブログがお勧め

雑記ブログから始め、さまざまなテーマで記事を投稿するうちに、アクセス数が伸びるジャンルが見つかったら、そのジャンルで記事を増やして特化ブログにすることで、成功確率が一気に高まります。

アクセスが伸びることがわかっているので、そのジャンルに時間を集中して記事数をどんどん増やすことで、アクセス数が効率的に伸ばせます。

しかも、雑記ブログの経験を経て次のような条件が揃っているので、他者よりも有利な状態なのです。

- **記事の書き方などブログの基礎が実践で学べている状態**
- **すでにアクセス数が集まっている状態**

このやり方だと、どのジャンルが伸びそうか、稼げそうかを、自分のブログでテスト・検証してから特化ブログにするので、成功確率が高いのです！

実際に、このやり方で成功している人が私の周りにはとても多いです。

いきなり特化ブログで始めてしまうと、ジャンル選びで失敗したときに、筆者のように**記事を書いても書いても全然アクセス数が増えない**という悲劇が起こります。

なかには、ジャンル選びの失敗だとわからずに100記事書いたのにアクセス数がまったく増えず、疲れてブログ辞めてしまった……などという人が実は多くいます。

そうなって欲しくないので、まずは雑記ブログをしながらジャンル探しをすることが、遠回りに見えて実は成功への近道です。

ですので、**特化ブログのジャンル選びのために、まず雑記ブログから始めてみるのがブログ初心者にはお勧め**なのです。

Section

4-8 避けたほうがいいジャンル

実はブログには「避けたほうがいいジャンル」があります。なぜなら、そのジャンルで記事を書いてもGoogleでは上位表示されないからです。

Googleでは上位表示されないジャンルとは……？

Google検索では、素人が記事を書いても上位表示されないジャンルがあります。そのようなジャンルではアクセスを集めることが難しいため、ブログで利益を出すのは困難です。

例えば「**健康**」に関するジャンルは避けましょう。

素人が健康ジャンルの記事を書いてもGoogleでは上位表示されません。

なぜかというと、健康には個人差があり、仮に「あなたが健康になった体験」でもそれが100%他人にも当てはまる訳ではないからです。

最悪の場合、その体験を真似た人の健康状態が悪化することもあり得ます。

ですので「健康ジャンル」に関してはGoogleが厳しい判断をしているのです。

具体的には、**健康ジャンルでは医師や研究機関などの専門家のサイトしか上位表示されません。**

健康ジャンルの記事を一般人が書いてもGoogleでは上位表示されないのです。

「YMYL」分野

健康ジャンルのように、Googleでは検索結果に「専門性」「権威性」「信頼性」を重視しているジャンルがあります。

Googleの「品質評価ガイドライン」で、主に次のジャンルが「専門性」「権威性」「信頼性」を重視するジャンルに該当すると発表しています。

- **金融関連**
（投資・税・退職・住宅購入・学費・保険など）
- **医療関連**
（健康・医薬・疾病や症状・メンタルヘルス・栄養など）
- **法律関連**
（離婚・親権・遺言・市民権の獲得など）

一般的に上記のジャンルは「**YMYL**」分野と呼ばれています。YMYLとは「Your Money Your Life」の略で、健康やお金などのジャンルを表す言葉です。

YMYL分野はGoogleでの上位表示が難しくアクセス数が増えにくいジャンルなので避けましょう。

▼YMYL分野

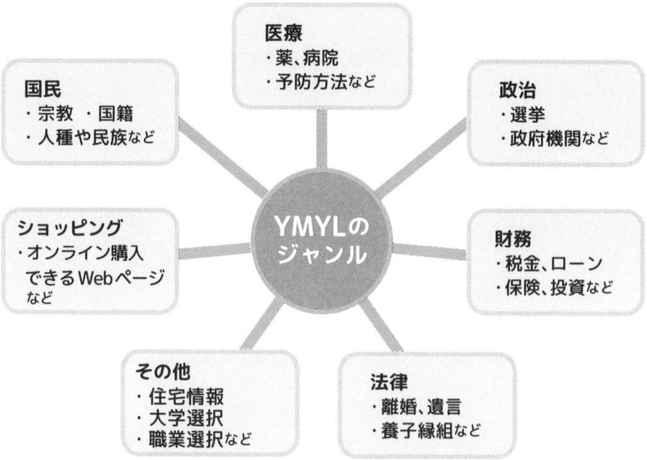

興味のないジャンルはやめよう

あなたが「興味のないジャンル」なのに無理して書いた記事は、読んだ読者も「内容が薄い」と感じるものです。

例えば、「転職が稼げるらしいぞ！」と聞いて、転職経験もないのにただネットの情報をまとめて書いた記事は、率直に言ってまず読まれません。

読者はすぐに「この記事、内容が薄っぺらいな」と気づきます。そんな記事はすぐに閉じられ最後まで読んでもらえません。

Google公式サイトにも次のように書かれています。

> Google では、アフィリエイトのためだけのウェブサイトや「内容の薄い」アフィリエイト サイトはウェブユーザーに付加価値を提供していないと考えています。
> 　～中略～
> ウェブ上の多くのサイトに掲載されているようなコンテンツで構成されたアフィリエイトのためだけのサイトは、Google 検索結果で上位に表示されず、検索エンジンによる評価が低くなる可能性があります。
>
> 【出典】：Google ウェブマスター向けガイドライン（抜粋は筆者によるもの）
> https://developers.google.com/search/docs/advanced/guidelines/affiliate-programs?hl=ja

「**ネット上に書かれた内容をパクった記事はダメ！**」とGoogle公式サイトにもはっきり書かれています。

Section 4-9

1年間「毎日1記事」継続するためのコツ

実は筆者は文章を書くのが苦手で、かつて10記事書くのに1年間もかかってしまいました。でも、そんな筆者でもブログを始めて2年目には、1年間毎日1記事を継続して365記事を書くことができました。10記事書くのに1年かかってた人間が、どうやったら毎日1記事書けるようになるのか不思議ですよね。そのコツをお話しします。

70%の出来でも公開してみる

筆者が「毎日1記事」書けるようになった秘訣は、「**記事の出来が70~80%ぐらいになったら公開する**」ようにしたことです。

▼未完成でも投稿頻度を上げる

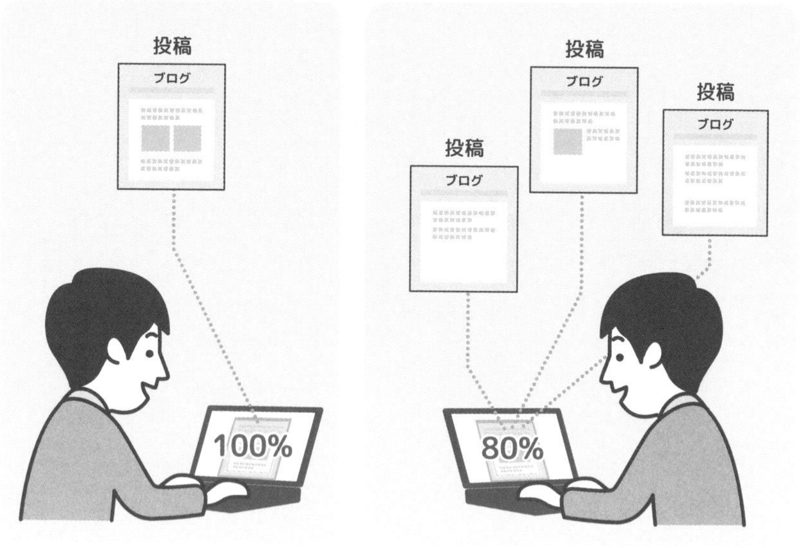

「100%満足のいく記事にするまで公開しない！」という気持ちで頑張っていると、いつまで経っても記事を公開できなくなるからです。

初心者のうちは、ただ記事を書くだけでも大変です。そこからさらに、「読者に役立つこと」を意識して執筆していたら、いつまでも記事が公開できません。

そのため初めから完璧を目指さずに、**最初のうちは記事をたくさん書いて、ブログ記事の執筆に慣れながら少しずつ改善していきましょう。**

ブログ記事は、ネット上に公開することではじめてGoogleに評価されます。そして、上位に表示されれば読者がブログにやってきてくれます。しかし、記事を公開しないとGoogleに評価されることもないので、誰もブログに来てくれません。

記事の出来が70～80%ぐらいになったらどんどん公開しましょう。

「素人」の強みを活かす

記事を書くときに、「自分のような素人が書いた記事なんて誰も読んでくれないかも……」と不安になることがあるかもしれませんが、一切気にすることはありません。

なぜなら、**あなたには専門家やプロの方にはない、「素人」の強みがあるから**です。

例えば、専門家やプロは最近始めたばかりの人の「気持ちや苦労」がわからない場合が多いです。そのため基礎的な細かい説明を飛ばしてしまうことが多いのです。

筆者もこの本を執筆する際に、多くのブログ初心者と話をしました。そして、「ブログを始めたばかりの人々」が抱く疑問を聞きました。

すると「そういえば過去の自分もそうだった。同じことで悩んだり不安だったなぁ」と思い出すことが多かったです。

自信を持って記事を書いて大丈夫！

つまり、**必ずしも、経験豊富な人が書いた記事が初心者の悩みを解決したり役立つベストな記事になるというわけではない**のです。

もちろん、技術的な話になれば専門家やプロにはかないません。 それでも、素人だからこそ「小さな疑問が気になって先に進めない、初心者の悩み」が良くわかることもあります。

プロよりも、初心者の気持ちがわかるあなただからこそ、初心者の心に寄り沿った親身な記事が書けます。

自信を持って記事を書いて大丈夫ですよ！

公開すれば誰かの役に立つ

記事を公開すれば必ず誰かの役に立ちます。

自分では70点の記事でも、読んでくれた人の中には必ず「役立った！」と喜んでくれる人がいるものです。

それほど力を入れずに書いた記事が評価されてアクセスが大量に集まったり、逆に自信たっぷりで書いた記事なのに全然アクセスが増えないなんてこともあります。どういう評価がつくかは誰にもわからないのです。

でも、記事は公開しない限り誰にも読んでもらえません。

だから、勇気を出して自分の記事をどんどん公開しましょう。

記事を書くと驚くほどレベルアップする

ブログ記事は、書けば書くほど上達します。記事を書くスピードも速くなっていきます。

例えば、ブログを始めて10記事書いた時点で、最初に書いた記事を読み返してみてください。きっと、あまりにもレベルが低くてびっくりします。これは誰もが経験することです。そのぐらい、ブログ記事を書くことでライティングスキルはどんどんレベルアップしていきます。

ですので、今の時点で100%の完璧な記事を書いたとしても、時間が経てばあなたのスキルは驚くほど上達していくため、すぐに100%ではなくなっているのです。

ブログは「更新」すると上位表示されやすい

ブログ記事を早めに公開するメリットがもう１つあります。**ブログ記事は書籍などと違って、あとから何度でも自由に修正ができます。**

過去に書いた記事もどんどん良いものに更新できるのです。

そして、**ブログ記事は公開後に更新することで、Googleで検索上位に表示されやすくなります。**

記事は70～80%ぐらいできたらどんどん公開して、その後に記事を更新する余地を作っておきましょう。

将来、記事をリライトや更新する頃には、あなたの知識量も今より増えているため、今より内容の濃い記事が書けるようになります。**記事はリライト・更新しながら内容を100%に近づけていけば良いのです。**

とにかく70～80%の記事が書けたら、どんどん記事を公開しましょう！

▼記事を更新すると上位表示しやすくなる

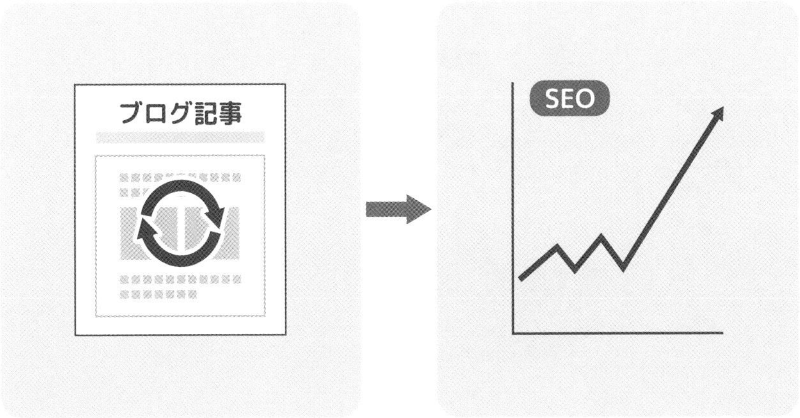

Section 4-10

記事作成に集中できなくて困っている人は……

本来、人間の脳は集中できる環境であれば勝手に集中するようにできているそうです。ですので「集中できる環境」を作ることが「集中して作業する」ための近道になります。

音を遮断する

記事作成に集中するには、集中できる環境を整えるのが重要です。

特に、**人の脳は雑音や騒音（音楽やテレビの音、人の話し声など）があると、そちらに注意が向いて集中できなくなるそうです**。

▼周囲の音が集中力を阻害する

リビングで家族の会話やテレビの音が気になる場合は**耳栓**を使ってみるのもいいでしょう。

スマホを見ない

作業途中で邪魔が入らないようにすることも重要です。

例えば、パソコンで作業しているときに集中を妨げるのは、メールやSNSなどのメッセージです。

仮にメッセージの処理が1分で済んだとしても、頭をもとの集中状態に戻すのに30分以上かかる場合もあります。

ですので、「これから1時間は、メールもSNSも見ない」などのルールを決めてスマホの電源を切っておくのがお勧めです。

例えば、次のようなルールを決めてブログ記事作成作業に入りましょう。

- **作業中はTwitterを見ない**
- **メールチェックをしない**

筆者の場合はこれらを実践した結果、次のようなことがなくなりました。

- **Twitterで他人のツイートを見ているうちにダラダラ時間が過ぎてる**
- **メールチェックをしていたら、いつの間にかブログから脱線している**

「5分だけ」挑戦してみる

集中できる環境が整っても、「やる気が出ない」ということもありますよね。

そんなときは「**5分間だけ集中**」してやってみてください。

いったん集中し始めると、脳が勝手に「集中モード」に入ってくれて、そのまま30分でも1時間でも続けることができます。

人間は誰でも、面倒なことに対して最初はやる気が起きないものなのだそうです。でも、いったん始めると「集中モード」に脳が切り替わる性質を持っているとのことです。

例えば「休日にスーパーに買い物に行かなければならない。でも疲れていて面倒くさい……」そんな経験ありますよね。

でも、いったん覚悟を決めて外に出たら、ついでに薬局にも寄っていこうか、あと100円ショップにも……となることはありませんか？

誰でも「一度、始める」と「じゃあ、ついでに」となるものなのです。

スイスの哲学者ヒルティは、「幸福論」の中で、次のように述べています。

> 「まず何よりも肝心なのは、思いきってやり始めることである。仕事の机にすわって、心を仕事に向けるという決心が、結局一番難しいことなのだ」
> 「ある人たちは、始めるのにいつも何かが足りなくて、ただ準備ばかりしていて、なかなか仕事にかからない」
>
> 【引用】：ヒルティ著（草間平作訳）「幸福論」（岩波文庫刊）

まず「とりあえず5分間だけ」始めてみることをお勧めします！

始めれば完成する

パソコンを起動していったん「書き始める」ことができれば、通勤途中でも食事中でも、そのことについて無意識に考えを巡らすようになるものです。

例えば、ランチの待ち時間や電車で通勤中に思いついたことがあれば、すぐにスマホでメモしておきましょう。

そのメモを見ながら、パソコンで文章にしていけば良いのです。

Section 4-11

「プロフィール」を書くと良いことがいっぱい！

「プロフィール」を書いてみましょう。プロフィールを書くことでアクセス数が増えるのはもちろん、新しい記事ネタを発見することもあり、メリットがいっぱいだからです。

新しい記事ネタが見つかる！

ブログでは体験談の記事にアクセスが集まりやすいのですが、体験談が思いつかないという人は、まず「**プロフィール**（自己紹介）」を書いてみましょう。

なぜなら**プロフィールに書く内容はあなたの体験談の宝庫**だからです。

例えば、次のような内容について考えてプロフィールに書いてみましょう。

- **あなたの好きなこと、趣味**
- **あなたの経歴（実績）**
- **ブログを運営する目的**
- **これからどんな記事を書く（予定）なのか**

プロフィールを書いてみることで、「この内容を記事にしてみよう！」と気づくことがよくあります。

筆者もプロフィールを書いたことで、新しい記事ネタがたくさんあることに気づくことができました。

これだけでも大きなメリットですが、それ以外にもまだプロフィールを書くことで得られるメリットがあります。

プロフィールを書くとアクセス数が増える！

それは**プロフィールを書くことでブログへのアクセス数が増える**ということです。

実は**プロフィールはよく読まれます。**

「このブログの運営者はどんな人なのか？」ということに、みなさん興味があるので、プロフィールはとてもよく読まれるのです。

そして、もしプロフィールに読者と同じ趣味や趣向、似た経歴や経験、共感する内容などがあると、誰しも興味が増します。

プロフィールを読んだことがきっかけで親近感を覚え、ブログをよく見に来てくれるようになる人もたくさんいます。

例えば、次のように自分と共通点がある方のブログには、興味を持ってくれる方がとても多いのです。

- **好きなペットが同じ**
- **応援している野球チームが同じ**
- **出身地が同じ**
- **趣味が同じ**

ですので「私はこんな人ですよ」と自分のことを詳しくプロフィールに書くことで、あなたのブログを定期的に見に来てくれる固定ファンができたり応援してくれる人や仲間が増えたりします。

これだけ大きなメリットがあるプロフィールは、絶対に書かないともったいないですよね？

自分の成長とともに書き直す

プロフィールは、あなたのブログの成長にあわせて内容も変えていきましょう。

例えば「経歴（実績）」は増えていきますし、「好きなことや趣味」「ブログを運営する目的」や「今後書く予定の記事」も変化していくでしょう。

自分の成長にあわせて、その都度プロフィールを更新していくことで、より魅力的なプロフィールになっていきます。

なので、**最初の段階では「書く内容が少ない」ことを気にする必要はありません。**これからブログを続けていくことで、どんどんプロフィールも魅力的に成長して充実していきますので、安心してくださいね！

どういうことを書けば良いかわからないという人は、筆者のプロフィールを参考にしてみてください。

■ **プロフィール**
https://xn--9ckkn0019c8wwb.jp/profile

ブログのプロフィールは絶対に書いたほうが良いですが、顔出しは必ずしも必要ではありません。ブログでの顔出しについては章末のコラムを参照してください。

Part4のまとめ

ブログは、ただ書きたいように書いていてもアクセスは集まりません。「**正しい書き方**」のルールを守って記事を書きましょう。

- **記事の基本構成は5つ**

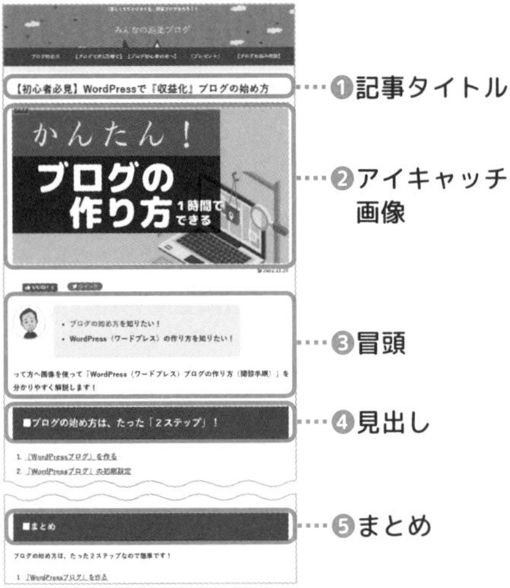

- **重要な箇所を強調する**
- **YMYL分野は避けよう**

次の**Part5**では、「**ブログにアクセスを集める方法**」について解説します。

column 4

「名前」や「顔バレ」が心配……

ブログを始めるときに気になるのが「プライバシー」の問題ですね。

名前や顔写真に関しては「ブログの信頼性が高まるから匿名より実名、写真も顔出ししたほうが良い」という声もあります。

しかし、**会社や知人に知られてしまうと想定外の被害を受ける恐れがあります。**

「名前」や「顔バレ」のリスク

例えば、ブログで成功すると、本人に悪い点がなくても他人から一方的に妬まれることがあります。

あなたが副業で稼いでいることを知った会社の同僚の態度が変わり、仕事面に影響が出る恐れもあります。

また「副業OKの会社だから大丈夫」と思うかもしれませんが、ネット上で炎上したら会社が特定されて迷惑をかけたり、最悪クビになる危険性もあります。

このように、**名前や顔写真を公開することで、自分だけでなく家族や会社、友人にも迷惑をかけてしまう恐れがある**のです。

最初は「匿名」「顔出しなし」がお勧め

もし、名前や顔写真をどうするべきかと悩んでいるのであれば、まずは「匿名」「顔出しなし」で始めることをお勧めします。

最初から「実名」「顔出し」でブログを始めて、あとから「匿名」「顔出しなし」へ変更した場合、ブログ上の画像やテキストデータは消去しても、ネット上に残ってしまう恐れがあるからです。

次ページへ

【注意】何気ない写真から……

「匿名」「顔出しなし」でブログやってるから大丈夫！と思っていても「身バレ」することがあります。

よくあるのは次のようなケースです。

- **写真の顔だけ隠していたが服装でバレた**
- **持ってるカバンやアクセサリーが特徴的でバレた**

あと「オフィス周辺の写真」や「ランチでよく行く店の写真」をブログに掲載したことで特定されてしまった……などという場合もあるので気をつけてくださいね。

Part

5

ブログのアクセス数を増やすにはどうすればいい？

ブログにアクセスを集める一番の方法は「検索エンジンで上位表示」されることです。あなたのブログが上位表示されると、何もしなくてもたくさんの人が毎日あなたのブログに訪れてくれます。では、どうすれば上位表示できてアクセスが集まるのでしょうか。本章でわかりやすく解説します。

Section 5-1

どうすればブログのアクセス数は増えるの？

ブログが「検索エンジンで上位表示」されると多くのアクセスを集めることができます。では、いったいどんな記事を書けばGoogleで上位表示されるようになるのかをわかりやすく解説します。

Googleで１位になると……！

日本でよく使われている検索エンジンは**Google**（https://www.google.com/?hl=ja）と**Yahoo! JAPAN**（https://www.yahoo.co.jp/）があります。

しかし、Yahoo!ではGoogleの検索エンジンの仕組みを採用しているので、基本的に**Google検索への対策を施せば、全検索エンジンへの対策をしたのと同じ効果**が得られます。

ブログがGoogleで上位表示されると、毎日多くの人がブログを訪れてくれます。１日に何百人、何千人来てくれることもあります。

例えば、次ページの写真のように検索順位が１位になると、ものすごく大量のアクセスがあなたのブログに集まります。図中の「クリック数」は「アクセス数」です。

筆者の場合、過去に一番多いときで１日平均3万人、１ヶ月90万人ということもありました。

このように、**Googleで上位表示されるとアクセス数がたくさん集められる**のです。

では、どうすればGoogleで上位表示されるのでしょうか？

▼「検索順位」が『1位』のときのクリック数

クリック数	表示回数	CTR	↑ 掲載順位
718	1,320	54.4%	1
475	757	62.7%	1
428	788	54.3%	1
350	454	77.1%	1
295	484	61%	1
223	557	40%	1
198	239	82.8%	1
190	577	32.9%	1
189	282	67%	1
175	202	86.6%	1

どうすればGoogleで上位表示されるの？

検索エンジンの基本的な仕組みを再確認しましょう。

Googleは検索者が入力した検索キーワードに対して、その答えが記されたページ（記事）を上位に表示します。

検索者は「知りたいこと」を調べるために検索キーワードを入力し、その答えがすぐにわかる記事（ページ）を見つけることを望んでいるというわけです。

例えば次のように、検索者が入力した検索キーワードに対する答えが書かれたページをGoogleは検索結果に表示します。

「ブログ 稼ぐ　方法」 → ブログで稼ぐ方法について書いた記事を表示

「サラリーマン　副業」 → サラリーマンの副業について書いた記事を表示

「転職サイト　おすすめ」 → おすすめの転職サイトについて書いた記事を表示

どんなキーワードを選べばいいの……？

あなたが記事を書くときは、キーワードで検索してアクセスしてきた人が「どんな答えを望んでいるのか」を考え、その答えを記事にしましょう。

例えば、検索者は次のようなことを考えているとします。

家族で夏休みに軽井沢に行くことになりました。「子供たちと楽しく過ごせるスポットはないか？」調べたい。

そんなとき、どのようなキーワードで検索をするかを想像しましょう。

- 「軽井沢　観光　おすすめ」
- 「軽井沢　子供　遊び」
- 「軽井沢　食べ物　おすすめ」

わざわざ「軽井沢」とエリアを指定しているのに、もし検索結果の上位に東京の観光スポットの情報しか出てこなかったらどうでしょう。何回検索しても軽井沢の情報が出てこないとしたら、もう誰もGoogleを使わなくなります。

しかし、Googleはきちんと検索者の意図に答えた検索結果を表示します。では、Googleはどのような意図で検索結果を表示しているのでしょうか。

どんな「記事」を書けばいいの……？

検索エンジンの意図は、**検索者が検索結果１位の記事を読んだら「問題が解決」すること**だと、筆者は考えています。

例えば、自分のスマホの画面が突然真っ暗になってしまった。困ったあなたは解決策を求めてGoogleで検索し、検索結果１位の記事を読みます。そこには「スマホの右横にあるボタンを長押しして」と書いてあります。その通り試したらスマホが直った！

この経験のあと、あなたは検索結果２位の記事を読むでしょうか。問題が解決したから読みませんよね。

つまり「**検索者が検索結果１位の記事を読んだら問題解決！**」というのがGoogleの目指す最高の検索システムだと思うのですよね。それがもっとも検索者の期待に応える形になるからです。

Googleは記事の順位をどうやって決めてるの？

Googleは「ネット上に無限に存在する記事（ページ）」にどうやって順位をつけているのでしょうか。

Googleの社員がすべての記事を毎日チェックして「この記事は良い記事だから１位にしよう！」と決めているわけではありません。

Googleは独自の評価基準（ルール）を決めていて、それをもとにコンピュータ（AI）が順位を決めているのです。

その評価基準は非公開なので詳細はわかりませんが、これまでの傾向を分析した専門家から「これはおそらく評価基準になっているのだろう」と報告されているものがいくつかあります。

次のような基準です。

- 記事を読んだ読者がブラウザバックで検索画面に戻っていない
- 読者が記事を最後まで読んでいる
- 他のサイトからのリンク（被リンク）が多い
- SNSでシェアされている

このような記事の情報をGoogleは「数値化」して集計し、順位決定しているようです。

ですので、上記に当てはまるような記事を作ることで、Googleの上位に表示されやすくなるのです。

具体的にどうすれば良いのかを次節から紹介していきます。

▼Google検索エンジンの仕組み

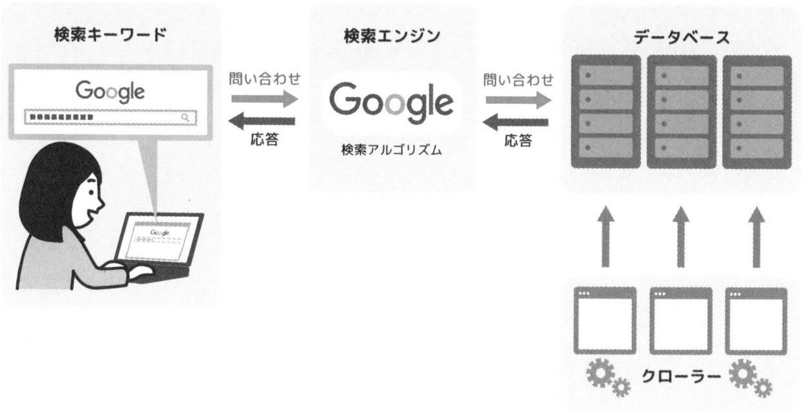

Section 5-2

「目標キーワード」選択が最重要！

Googleは検索者が入力したキーワードに対する答えを書いた記事を上位に表示する仕組みになっています。では、そもそも検索者が「どんなキーワードで検索するか」がわかっていないと話になりませんよね。でも安心してください。それを調べる便利なツールがあります。

アクセスが集まるキーワードを見つける方法

77ページのコラムでも触れましたが、「**Google キーワードプランナー**」（https://ads.google.com/intl/ja_jp/home/tools/keyword-planner/）というGoogleが無料で提供しているツールを使えば、どんなキーワードがGoogleで検索されているのかが簡単にわかります。

例えばキーワードプランナーを使って、「折り紙」というキーワードを調べると次のような結果が得られます。

▼「キーワードプランナー」の画面

キーワード	↓ 月間平均検索ボリューム
折り紙	10万～100万
折り紙 簡単	1万～10万
折り紙 箱	1万～10万
折り紙 花	1万～10万
折り紙 立体	1万～10万
折り紙 ハート	1万～10万
折り紙 手裏剣	1万～10万
折り紙 星	1万～10万
折り紙 かわいい	1万～10万

「折り紙」というキーワードは、「月間平均検索ボリューム」が「10万～100万」となっています。これは**Googleで1ヶ月間で「10万～100万」回も検索される**ということです。

「折り紙」というキーワードで上位に表示されると、めちゃくちゃアクセスが集まるということです！

では次に、あなたが折り紙で「野球場」が作れるので、それを記事にしてみようかなと思いついたとしましょう。

「**折り紙 野球場**」を「キーワードプランナー」で調べてみると次のような結果になりました。

▼「折り紙 野球場」の検索ボリューム

キーワード ↑	月間平均検索ボリューム
折り紙 野球場	–

「月間平均検索ボリューム」が「-」となってますね。

これは**ほぼ検索ゼロ**ということです。

あなたが「折り紙 野球場」というキーワードで記事を書いても、Googleでほぼ検索ゼロなので「アクセス数の見込みはない」ということです。

このように、**キーワードプランナーを使えば、どんなキーワードがGoogleで検索されているのかがわかる**のです。

得意なことだから記事にしやすいと思っても、アクセスがなければまったく意味がないので注意！

どのキーワードを選べばいいの……？

さきほどの「折り紙」のように「月間平均検索ボリューム」が「10万～100万」といった大きい数字のものを「**ビッグキーワード**」と呼びます。

一方、「折り紙　花　チューリップ」や「折り紙　花　コスモス」のように「複数の単語」で構成されたキーワードで、月間平均検索ボリュームが「100～1000」や「10～100」のように少ないものを「**ロングテールキーワード**」と呼んでいます。

▼「折り紙　花　チューリップ」の検索ボリューム

キーワード	↓ 月間平均検索ボリューム
折り紙 花 チューリップ	100～1000

▼「折り紙　花　コスモス」の検索ボリューム

キーワード	↓ 月間平均検索ボリューム
折り紙 花 コスモス	10～100

ビッグキーワードは検索ボリュームが多いので上位表示されれば流入が多いですが、一方でライバルも多く、初心者が上位表示を狙うのは困難です。

一方、**ロングテールキーワードは検索数が少ない一方でライバルも少なく、上位表示の難易度が下がります。**

▼ビッグキーワードとロングテールキーワード

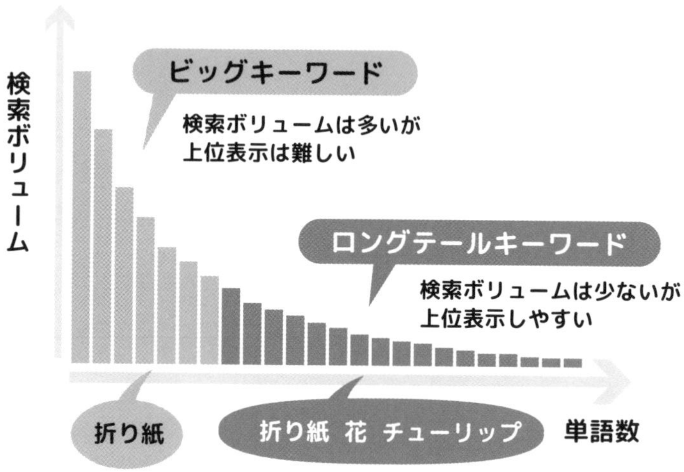

さらに、**ロングテールキーワードは検索意図が明確なため、想定読者の疑問にズバッと答える記事が書きやすく、アフィリエイトの成果も出やすい**傾向があります。

そのため、ロングテールキーワードで1つでも上位表示できれば、収益が発生することが多く、お勧めです。

絞り込み検索ユーザーは購買意欲が高く、コンバージョンにつながりやすい特徴があります！

Section 5-3

稼げる「キーワード」を教えて！

実は、「これで上位表示されたら稼げる」というキーワードがあります。そのような稼げるキーワードと、それを記事で収益化する方法を説明します。

初心者でも稼げるキーワード

これで上位表示されたら稼げるというキーワードがあります。それは次のような組み合わせのキーワードです。

- **商品名 + レビュー(感想、口コミなど)**
- **ジャンル名 + おすすめ(ランキング、比較など)**

例えば「k380」というキーボードを紹介する記事であれば、次のような組み合わせで上位表示されれば稼げるわけです。

- **k380　レビュー**
- **キーボード　おすすめ**

しかし、このようなキーワードは「上位表示されたら稼げるキーワード」として有名です。当然ライバル（競合）も多く、上位表示は簡単ではありません。

そのため、Googleで上位表示されなくても「**別の記事からの流入をはかる**」ことで収益をあげる戦略がお勧めです。

入口は１つではなく「複数」作る

　稼げるキーワードの記事だけを作っても、ライバル（競合）が多いのでその記事に直接アクセスを集めるのは困難です。

　それでは、どうやってアクセスを集めるのかというと、「**集客記事**」を作る方法があります。

▼「紹介記事」と「集客記事」

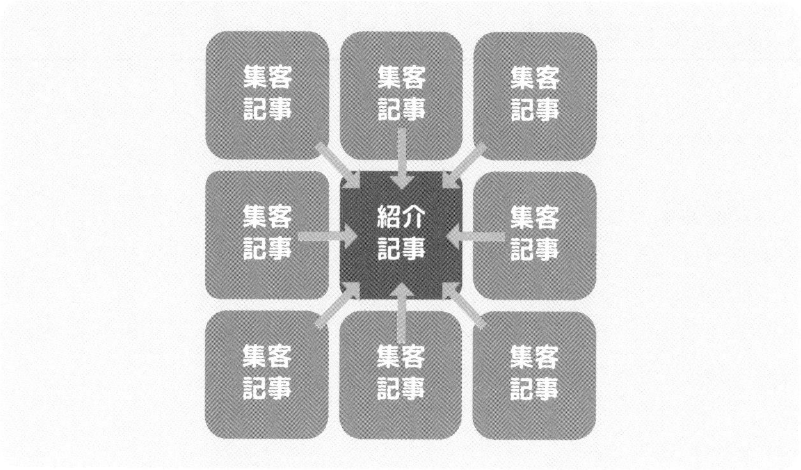

　上図の中央の「**紹介記事**」は、アフィリエイトを目的とした記事で、「稼げるキーワード」の記事です。

- **商品名 + レビュー(感想、口コミなど)**
- **ジャンル名 + おすすめ(ランキング、比較など)**

　一方、周辺の「**集客記事**」というのは、紹介記事に関連するキーワードで書いた記事です。

「集客記事」が重要！

例えば先ほどの「k380」というキーボードを紹介する記事なら、紹介記事は次のようなキーワードで書きます。

- 「キーボード　おすすめ」

一方、集客記事は次のようなキーワードの記事です。

- 「キーボード　反応しない」
- 「キーボード　音 静か」
- 「キーボード　汚れ」

キーボードに関する「悩み」や「疑問」に関連するキーワードを選び記事を書きましょう。

▼「紹介記事」と「集客記事」の構成例

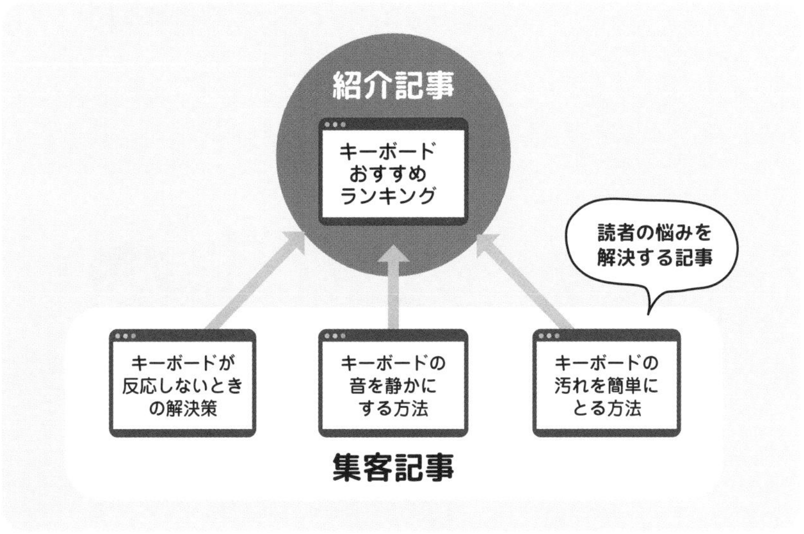

初心者でも稼げる理由

ブログをやっている人のほとんどが、稼げるキーワードの紹介記事を1つしか書いていないため、ライバルが多くなかなかアクセスを集めることができません。

- **稼げるキーワード ➡ 紹介記事（1記事）**

しかし、紹介記事に関連する集客記事を複数作成して、集客記事から紹介記事にリンクすることで、「集客記事」➡「紹介記事」へアクセスを集めて稼ぐという戦略なのです。

- **稼げるキーワード　➡ 紹介記事（1記事）**
- **関連するキーワード　➡ 集客記事（複数）**

関連記事を作成して**Googleからの入口を1つではなく複数作る**ことでアクセス数を増やすのが狙いなのです。

筆者がこの方法をアドバイスした人は、どんどんアクセス数が伸びて収益が伸びています。ぜひ、あなたもやってみてくださいね！

「紹介記事＋複数の集客記事」を増やすことで、
ブログ収益がどんどん伸びていきます！

Section 5-4

Googleが重要視する「被リンク」とは

Googleは検索キーワードに対する答えを書いた記事を上位表示するという話をしましたが、その他にもGoogleは「被リンク」を非常に重視していると言われています。被リンクとは何なのかを詳しく説明します。

ブログで成功している人が必ずやっていること

他のサイトからのリンク（**被リンク**）が多い記事は、Googleの上位に表示されやすくなります。被リンクも上位表示に重要な要素と言われています。

なぜなら「リンクを貼られる記事」というのは「紹介（シェア）したくなるほど良い記事」であり、「読者の役に立つ記事である」とGoogleが判断するからです。

▼被リンクのイメージ

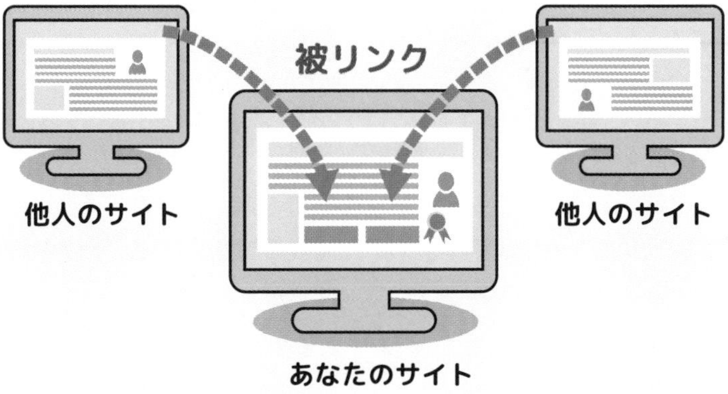

リンクを貼りたくなる記事を書く

例えば自分であれば、どんな記事にリンクを貼りたくなるでしょうか。次のような記事に出会ったら、リンクしたくなるかもしれません。

- 「この記事を仲間に紹介（シェア）したい」
- 「多くの人に見てほしい」

リンクしたくなる記事の内容について、具体的に考えてみましょう。検索者の悩みや疑問を解決する記事、情報がまとまっている記事、検索者の「手間を省いてくれる記事」などが考えられます。

- **検索者の悩みや疑問を解決する**
- **良質な情報がまとまっている**
- **読者が「体験」する手間を省く（例、レビュー）**
- **読者が「比較」する手間を省く（例、比較表の作成）**

つまり、このような記事が被リンクを得やすく、Googleで上位表示されやすくなるわけです。

「被リンク」を短期間で増やすコツ

読者の役に立つ記事を書いて被リンクが増えるのを待つのは王道の方法ですが、短期間ではなかなか被リンクは増えません。

そこで、被リンクを増やすのにお勧めなのがSNS、中でも特にお勧めなのが「**Twitter**」です。

ブログ記事を公開してから、Googleで上位表示されるまでには時間がかかります。しかし**Twitterのツイートで記事を紹介すれば、その瞬間からアクセスを集めることが可能**です。

Part7で詳しく説明しますが、Twitterを使ったある方法で記事を作成すれば、簡単にアクセスを集めることが可能です。そして、その記事を読んだ読者が次のような動機でリンクを貼ってくれることがとても多いのです。

- 「この記事を仲間に紹介（シェア）したい」
- 「多くの人に見てほしい」

Section 5-5

ブログは「何文字」書けばいいの……？

ブログ記事は「最低何文字ぐらい書く必要があるの……？」と疑問に思う人は多いと思います。結論から言うと、ブログ記事の文字数はまったく重要ではありません。

ブログの最低文字数は？

初心者の多くは、**ブログ記事の最低文字数**を気にしています。

結論から言うと、**読者の役に立つ記事であれば500文字でも1,000文字でもOK**です。

記事の目的は「検索者がその記事を読んだら問題解決」することなので、**文字数は関係ない**のです。

上位の記事は長文が多い？

とはいえ、実は「検索ボリュームの多いビッグキーワード」の場合、上位の記事は文字数が多い傾向にあります。

その理由として、**ビッグキーワードは記事内容の範囲が広い**場合が多いからです。

例えば「折り紙　花」というキーワードで書いた記事より、「折り紙」というキーワードで書いた記事のほうが文字数は多くなります。これは、「折り紙　花」は「折り紙」の中に含まれる内容であるためです。

それと同様に、「折り紙　花　コスモス」というキーワードで書いた記事より、「折り紙　花」という「キーワード」で書いた記事のほうが文字数は多くなります。

そのため、必然的に「検索ボリュームの多いキーワード」の方が、文字数が多くなるのです。

▼「検索ボリューム」のイメージ

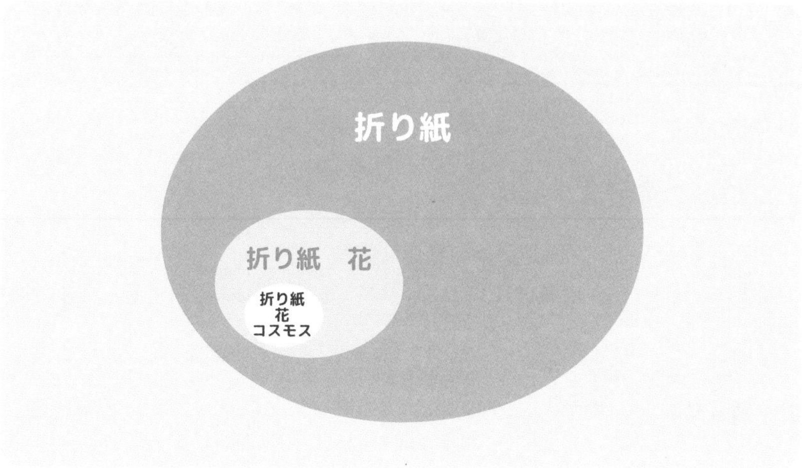

文字数よりも内容が大事！

過去には**文字数が多い記事のほうが、上位表示されやすい**傾向がありました。しかし今は**文字数に関係なく、読者の役に立つ記事のほうが上位表示されやすくなっています。**

実は、800文字程度のブログ記事がすぐに上位表示され、PVが増えて、アフィリエイトしたらあっという間に月5万円になった、なんてこともブログではよくあります。

たった800文字でも読者の役に立つ記事なら上位表示されます。Googleの検索システムはとても優秀なので、**文字数にとらわれず安心して読者の役に立つ記事を書きましょう**！

Section 5-6 「メタ情報」を忘れずに！

記事作成したら必ず「メタ情報（メタ説明）」を忘れずに入力しましょう。 メタ情報に適切な内容を入れることで、Googleへ「この記事はどのような記事なのか」を伝えることができ、評価向上に役立つからです。

メタ情報とは……？

「**メタ情報**」とは、データそのものではなく、データを表す属性や関連情報を表したデータのことです。ブログ記事（インターネットのホームページ）には「**タイトルタグ**」や「**メタキーワード**」、「**メタディスクリプション**」（記事の概要）をメタ情報として設定できます。

AFFINGERを使っている場合、WordPressにログイン後、各記事の「投稿を編集」画面の下のほうに「titleタグ」「メタキーワード」「メタディスクリプション」の３つの入力欄があります。

▼「WordPress」の投稿編集画面（メタ情報）

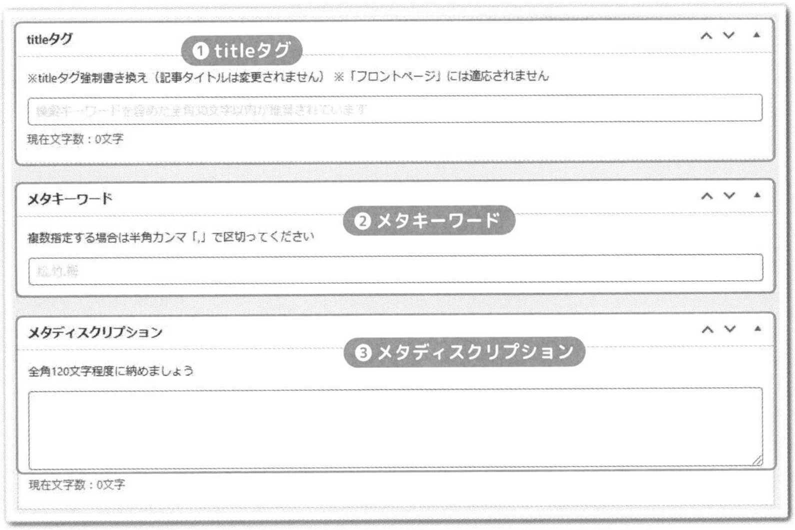

❶titleタグ
❷メタキーワード
❸メタディスクリプション

順に説明します。

❶titleタグ

「titleタグ」は記事のタイトルを表すものです。この欄にはブログの記事のタイトルと同じ文字列を入力しましょう。

▼「WordPress」の投稿編集画面（記事タイトル）

ここに入力した内容は、Googleの検索結果画面に表示されます。

▼Googleの検索結果画面

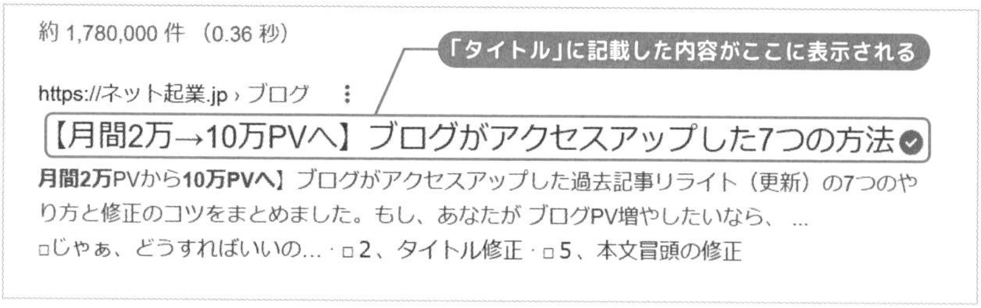

❷メタキーワード

「メタキーワード」の欄には、記事内で目標にしているキーワードを設定します。

キーワードが2つ以上ある場合はカンマ（,）区切りで入力します。

ブログ　PV, ブログ　アクセスアップ

なお**キーワードは最大でも3つ程度**にしましょう。

かつて、メタキーワードはSEO評価に関係しており、最大でも３つ程度の入力が推奨されていました。

しかし、その後「SEOに評価されるなら、たくさんメタキーワードを設定したほうが有利」と考えた人が増えてしまったため、Googleはメタキーワードを評価しない方針に変更したという経緯があります。

そのため現在は「メタキーワードを設定しても効果なし」というのが一般的です。しかし、**筆者が最近テストした結果では、一定の効果が確認できました**（偶然かもしれませんが）。

そのため、個人的にはメタキーワードも設定することをお勧めしています。

メタキーワードの検証例

ある記事のメタキーワード欄に、先日あるキーワードを追加しました。

▼WordPressの投稿編集画面（メタキーワード）

ちなみに、本文にはこのキーワードは一切入っていません。つまり、このキーワードの検索結果にこの記事が表示された場合、ほぼすべてメタキーワードの効果ということになります。

その後、サーチコンソールを見ると次のようにGoogleからのアクセスが発生したのです。

▼サーチコンソール（クリック数と掲載順位）

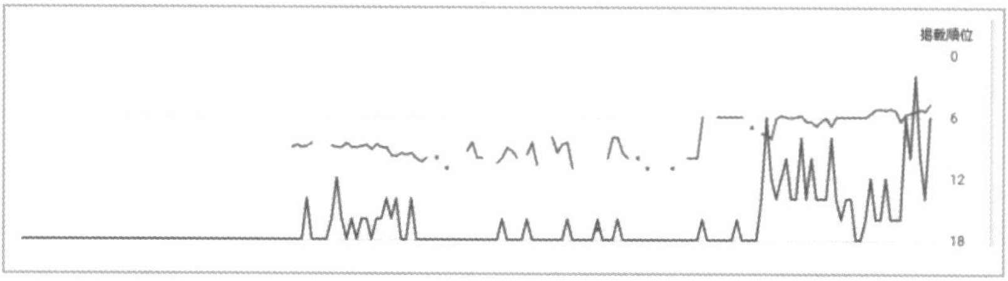

このキーワードは競合が弱かったこともあり、今では検索結果１～２位になっています。

▼サーチコンソール（クエリの結果）

上位のクエリ	↓ クリック数	表示回数	CTR	掲載順位
[redacted]	137	245	55.9%	1.2

繰り返しますが、このキーワードはメタキーワード欄に記載しただけで、本文には一切入っていません。

それなのにこれだけの効果があったので、メタキーワードも設定することをお勧めしています。

❸メタディスクリプション

「**メタディスクリプション**」欄には「**記事の内容を要約した説明文**」を入力しましょう。最大でも120文字程度が理想です。

メタディスクリプションの要約文には、メタキーワードに設定したキーワードが含まれるようにしましょう。

次の図はメタディスクリプションの例です。

▼WordPressの投稿編集画面（メタディスクリプション）

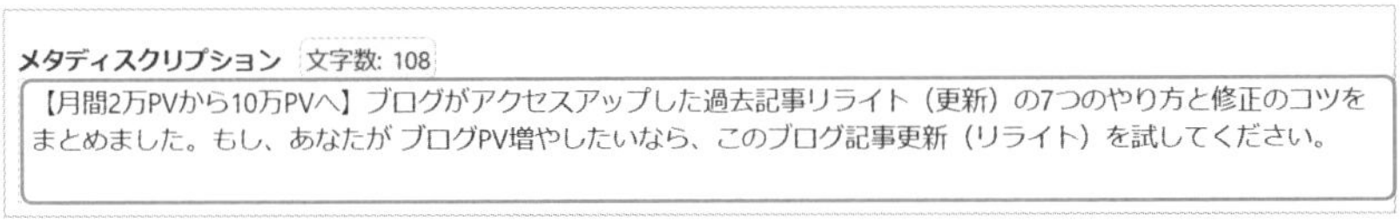

メタディスクリプションに入力した内容は、Googleの検索結果ではタイトルの下に表示されます（なお、表示されない場合もあります）。

▼ Googleの検索結果画面

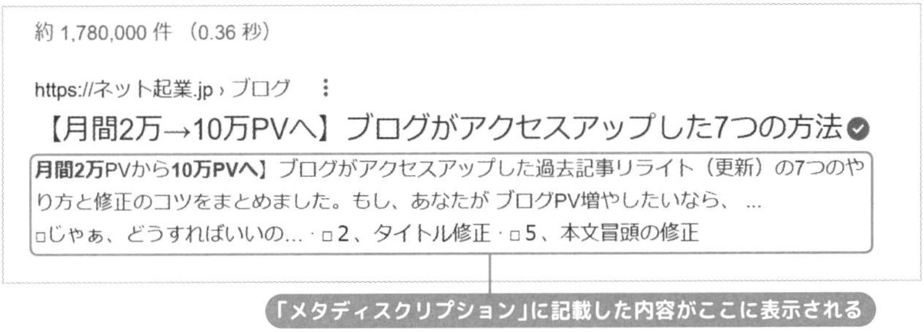

検索者がこの文章を読んでクリックするかどうかを判断することがあります。そのため、メタディスクリプションに何を書くかは非常に重要です。

筆者がお勧めするのは次の２つです。このどちらかを含めるとクリックされやすくなるのでお勧めです。

- **記事の「冒頭」部分の内容**
- **最後のまとめ（結論）の内容**

Part5のまとめ

ブログにGoogleからアクセスを集めるには「キーワード」(目標キーワード)が最重要です。

- **目標キーワードにはロングテールキーワードを選ぼう**
- **記事にはキーワードの答えを書こう**
- **読者の役に立つ記事を作ろう**

1. 検索者の悩みや疑問を解決する
2. 良質な情報がまとまっている
3. 読者が「体験」する手間を省く(例、レビュー)
4. 読者が「比較」する手間を省く(例、比較表)

過去には文字数が多い記事がGoogleで上位表示されやすい傾向にありましたが、Googleの検索システムはとても優秀なので、今では文字数よりも読者の役に立つ記事のほうが上位表示されやすくなっています。

次の**Part6**では、**「稼げるブログ」と「稼げないブログ」の違い**について具体的に解説します。

column 5

記事を公開したら「インデックス登録」リクエストを忘れずに！

記事を投稿したら、すぐに「URL検査ツール」で「インデックス登録のリクエスト」をしましょう！ これを忘れると、Google検索の上位表示まで時間がかかるので注意してください。

「インデックス登録のリクエスト」ってなに？

あなたのブログをGoogle検索で上位表示させるには、あなたのブログ記事の情報をGoogleのインデックスに登録させる必要があります。

しかし、始めたばかりのブログだとインデックスに登録されるのに数日から2週間程度かかったりします。インデックスに登録されないと、Googleで検索しても表示されません。

その場合「URL検査ツール」を使うことで、Googleに対して**ブログ記事作成したので早く「インデックス登録」してください！**と連絡できます。

まず「サーチコンソール」の画面を開きます。

▼「URL検査ツール」の画面

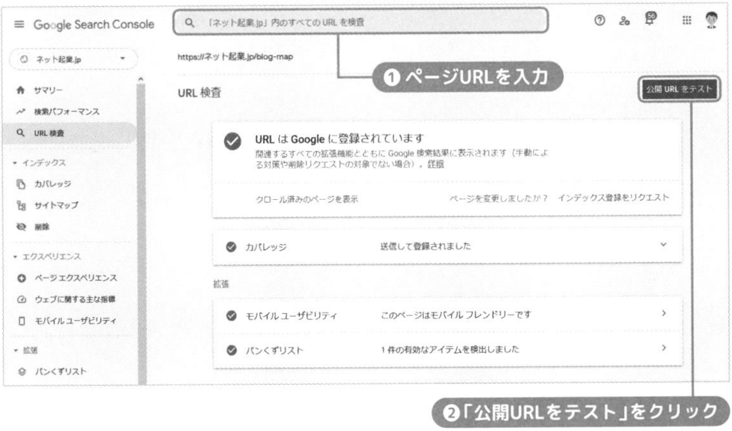

次ページへ

❶画面上部の検索窓にページURLを入力します
❷画面右上の「公開URLをテスト」をクリックします
❸1分ぐらい待つと次の画面に遷移します
❹「インデックス登録をリクエスト」をクリックします
❺表示が「インデックス登録をリクエスト済み」に変わります

　これでインデックス登録のリクエストは完了です。
　筆者のブログでも紹介しているので、最新の情報を知りたい場合はこちらもチェックしてみてください。

■ Googleにインデックス登録をリクエストする方法
https://xn--9ckkn0019c8wwb.jp/url-tool

注意

　記事を更新したあともURL検査ツールを使ってインデックス登録をリクエストしましょう。
　これをしないと、更新前の古い記事状態のままGoogleが記事の順位を決めてしまうことになる恐れがあります。
　実績を出しているブロガーは更新後もURL検査ツールを当たり前のように使っています。ぜひ、あなたもURL検査ツールを使ってGoogle検索順位の上位を目指しましょう！

Part

6

収益を増やすには どうすればいい？

「稼げるブログ」と「稼げないブログ」の違いはなんなのでしょうか？「記事数？」「ジャンル？」「広告？」これは一番知りたい疑問ですよね。
そこで、ここでは「稼げるブログ」と「稼げないブログ」の違いについて具体的に説明します。

Section 6-1

「稼げるブログ」って どんなブログなの……？

１年前にブログを始めたＡさんとＢさん。コツコツ学びながら１年間ブログを続けてきました。順調に収入が増えているＡさん。でもＢさんは収入がありません。いったい２人は何が違うのでしょうか？
「稼げるブログ」と「稼げないブログ」の違いについて解説します。

「稼げるブログ」と「稼げないブログ」の違いは……？

筆者の1ヶ月のブログ収入は次の通りです。見ての通り、ブログ収入のほとんどが「**アフィリエイト**」です。

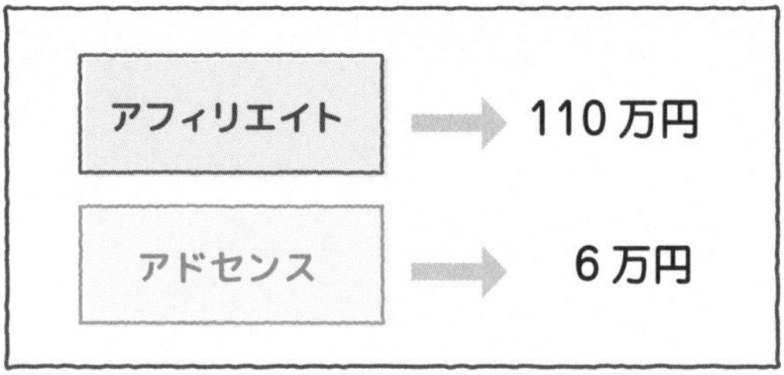

ブログで稼いでいる人の多くがアフィリエイトで大きく稼いでいます。ある大手ASP（アフィリエイト・サービス・プロバイダ）では毎月１万人の登録があるそうです。

それだけ、アフィリエイトは稼げる魅力があるということですが、実際には稼いでいるブログもあれば、稼げていないブログもあります。

いったい**「稼げるブログ」と「稼げないブログ」の違い**はなんなのでしょうか？

「稼げる記事」ってどんな記事……？

その答えは、「**読者の役に立っている**」かどうかです。

筆者は今まで1,000記事以上書いてきましたが、アフィリエイト収入が多い記事に共通するのは、必ず「**読者の役に立っている**」ことです。

では「読者に役立つ」記事というのはどんな記事かというと、148ページでも触れましたが次のような特徴があります。

- **検索者の悩みや疑問を解決する**
- **良質な情報がまとまっている**
- **読者が「体験」する手間を省く（例、レビュー）**
- **読者が「比較」する手間を省く（例、比較表の作成）**

Google公式サイトにも次のように書かれています。

> アフィリエイトプログラムに参加しているサイトが必ずしもすべて内容の薄いアフィリエイトサイトというわけではありません。たとえば、**質の高いアフィリエイトは独自の商品レビュー、評価、商品やカテゴリのナビゲーション、商品比較などを提供することで付加価値を加えています。**
>
> 【出典】：Google ウェブマスター向けガイドライン（強調部分は筆者による）
> https://developers.google.com/search/docs/advanced/guidelines/affiliate-programs?hl=ja ）

「稼げない記事」とは？

逆に稼げない記事に共通しているのは次のような内容の記事です。

- **ネットでちょっと調べればわかる内容**
- **ネット上の情報を適当にまとめて作った記事**
- **複数の商品を適当に比較しただけの記事**

誰でもちょっと調べたらわかる内容をまとめただけの記事、記事執筆者の体験などが含まれない記事はどうしても内容が浅く、読者に見透かされてしまいます。これでは上位表示できるはずもないし、読者が信頼してくれることもないですよね。

やはり実体験に基づく記事の評価が高いです。

- **自分で調べる**
- **自分で使用、体験する**
- **実際に比較する**

「誰かの役に立っている」記事が稼げる

よく「アフィリエイト」＝「商品を売りつけること」と誤解している人がいますが、それは違います。

アフィリエイトの役割は、読者に次の情報を提供することです。

- **お勧め商品（サービス）の「公式サイト」**
- **一番お得に買えるサイト**

そして、アフィリエイトでは読者に対して「何かに役立つこと」をしているから報酬がもらえるのです。

「役立つこと」を何もしていないのに報酬をもらったら「詐欺」ですよね？
逆に「役立つこと」を無償で行うのは「ボランティア」です。
しかし、アフィリエイトは「詐欺」でも「ボランティア」でもなく「ビジネス」です。

そのため、前述のように読者の役に立つ記事は大きく稼げるのです。

- **検索者の悩みや疑問を解決する**
- **良質な情報がまとまっている**
- **読者が「体験」する手間を省く（例、レビュー）**
- **読者が「比較」する手間を省く（例、比較表の作成）**

誰かが損をするようなビジネスは続かない

アフィリエイトは「三者の関係」で成り立っています。

- **読者：悩みが解決する**
- **広告主：商品が売れる**
- **ブロガー：役立つ情報・商品を紹介し報酬がもらえる**

ブロガー（アフィリエイター）の中には、読者を騙すような売り方をしている人もいます。しかし、**「三者」の誰かが損をするような商売に未来はありません。**

「三方良し」という言葉がありますが、みんなが幸せになれるブログを作りましょう！

目先の収益欲しさに騙すような記事はNG。継続して稼ぐためにも、読者目線の記事を心がけましょう！

Section 6-2

「売れる商品」はどうやって探すの……？

アフィリエイトで売れる商品を見つける３ステップについて解説します。「これを実践するだけで将来の収入が大きく変わる！」という話です。ブログ収入を増やしたいなら必見、超お勧めの方法です。

「アフィリエイト」で一番売れるのは……？

筆者はよく「**アフィリエイトしたいけど何からやればいいですか？**」という相談を受けます。

とにかくお勧めするのが「**あなた自身が愛用している商品**」を紹介することです。

なぜかと言うと、自分が愛用してる商品であれば、購入理由や商品の良いところ、悪いところ、コスパなどがすでによくわかっていますよね。

- **購入した理由**
- **使用していて気づいた長所**
- **お気に入りポイント**
- **短所（改善して欲しいところ）**
- **コスパはどうか？**

実体験が伴っているので、文章に自然とあなたの気持ち（熱量）が入って読み手にも伝わる、だから購入されやすいんですよ！

実際、商品の体験談（レビュー）ってついつい見てしまいませんか？ 商品を購入する際、Amazonのレビューを見てから購入する人も多いでしょう。

だから、あなた自身が愛用している商品を記事にして紹介すると、よく売れるんですよ！

「売れる商品」を見つける３ステップ

「しかし、愛用している商品なんてカバンや財布、手帳ぐらいしか思いつかないんだけど、どうやって見つければいいの……？」という場合は、次の方法で簡単に見つけることができますよ！

❶ 自分の部屋中の写真をスマホで撮りまくる
❷ 写真に写っているモノを紙に書き出す
❸ アフィリエイトできるかASPで調べる

▼ 自分の部屋の写真を撮って、紙に書き出してみよう

❶自分の部屋中の写真をスマホで撮りまくる

とにかく何も考えずに、スマホ（デジカメ）で部屋中をカシャカシャ撮りましょう。

❷写真に写っている「モノ」を紙に書き出す

写真に写っている商品を紙に書き出してください。
写っているモノすべてです！

❸アフィリエイトできるかASPで調べる

「**ASP**（アフィリエイト・サービス・プロバイダ）」とは、アフィリエイト広告で広告主とアフィリエイターを仲介するサービスを提供する企業です。

▼ ASPの仕組み

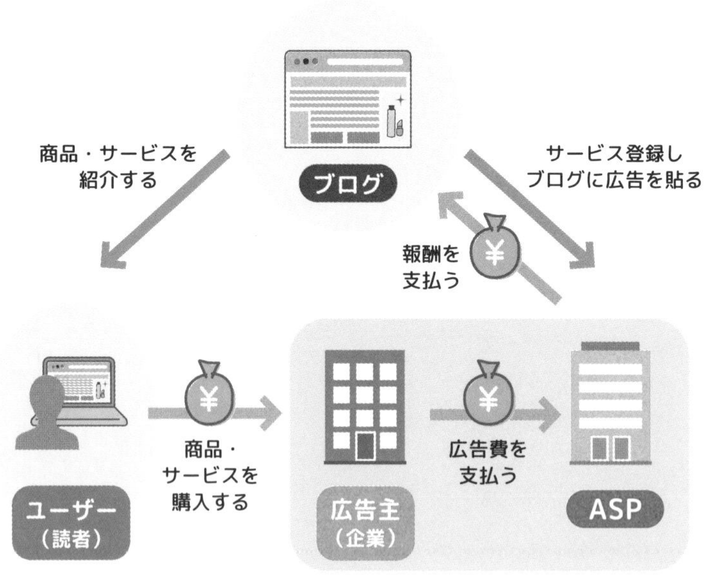

アフィリエイターは、ASPが提供する商品リンクを自分のサイト（ブログ）に貼り付けて、商品を閲覧者にPRします。

今の時代、世の中にある商品やサービスはほとんどアフィリエイトできるんですよ！

あなたが普段使っている品物の多くは、ASP経由で販売できるでしょう。

- **家電**
- **本、DVD**
- **洋服、靴**
- **美容グッズ、脱毛・増毛**
- **健康食品、ダイエット関連**

ASPの１つである「**A8**」（https://www.a8.net/）にログインすると、次の図のようにジャンルごとにアフィリエイト案件が分けられています。

▼「A8」（https://www.a8.net/）のアフィリエイト案件（カテゴリ別）

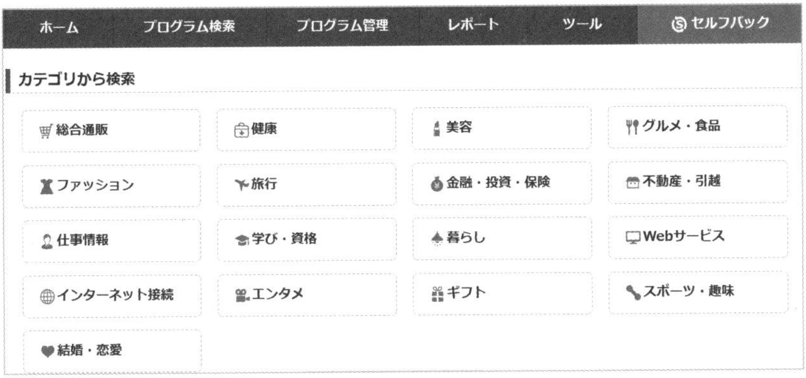

「いつも使ってるこれって、アフィリできるんだ！」「えっ、これもアフィリできるの……？」なんて発見があってビックリすると思いますよ！

なぜ部屋中の写真を撮るのか

「いつも愛用している商品」を考えると、3個ぐらいはパッと出てきますが、それ以上はなかなか出てこない人がほとんどです。

しかし、部屋の写真を撮って、そこに写っている商品を書き出すと、その商品は全部あなたが愛用してる商品です。

家電製品、スマホ関連グッズ、PC関連アイテムも……。すべて何らかの理由があって選んだはず。中にはすごく使い勝手が良いから何年もリピートしている商品もありますよね？

つまり、写真を撮ることで愛用している商品が簡単に見つかるのです。

大袈裟じゃなく、これをやるだけで将来の収入が大きく変わります。ブログ収入を増やしたいなら、ぜひ実践してください！

買った理由や感想を書いてみよう！

次に、写真に写っている各商品を購入した理由、使って良かったところ、逆に悪かったところ、コスパなどを書き出してみましょう。

- **購入した理由**
- **使用していて気づいた長所**
- **お気に入りポイント**
- **短所（改善して欲しいところ）**
- **コスパはどうか？**

例えば、筆者が最近購入して一番良かったものは、143ページでも触れたロジクールのk380キーボードです。

▼ ロジクールのk380キーボード(https://www.logicool.co.jp/ja-jp/products/keyboards/k380-multi-device.920-011147.html)

この商品を購入した理由は「横幅の狭いキーボードが欲しかった」からです。通常サイズだと肩が凝るためでした。

しかし、実際に使用していて気づいた長所としては、キーボードを叩く音がしないということでした。

一般的なキーボードだと文字を打つたびに「カタカタ」音が鳴りますが、このキーボードは無音です。

なので、リビングでPCを使うとき家族に迷惑が掛からないという素晴らしい長所があります。

そして、お気に入りポイントとしては、小さくて軽いのでリビングや書斎などに移動する際に持ち運びが便利です。無線式なので、ケーブルも不要です。

このように、あなたが**購入した理由**や**使用した感想**などを、正直に記事にします。自分の愛用品であれば、**愛用している理由**がありますよね？

ただそれを書くだけで「**あなたにしか書けない魅力的な体験談**」記事になるのです。

Section 6-3

どうすれば「売れる記事」が書けるの……？

実は、アフィリエイトで商品が売れるかどうか、重要なポイントがあります。これができればアフィリエイトの売上が何倍にも増えます。そのポイントについて詳しく解説します。

アフィリエイトの売上が何倍にも増えるポイント

アフィリエイトで商品が売れるポイントになるのは、商品がユーザーにとって次のように感じられるかどうかです。

- 「今すぐ絶対必要だ」
- 「絶対購入する価値がある」
- 「自分にとって絶対有益だ」

極論を言ってしまえば、読者がその製品に**価値**を感じるかどうかです。

筆者の経験上、この価値を感じた読者は必ず購入します。

しかし、読者はその商品に関する情報を持ってないのでその商品が自分にとって価値があるのかわかりません。

何度も出てきましたが、あなたが次のような読者の役に立つ記事を作成して、製品の価値を読者に教えてあげることが重要なのです。

- 検索者の悩みや疑問を解決する
- 良質な情報がまとまっている
- 読者が「体験」する手間を省く（例、レビュー）
- 読者が「比較」する手間を省く（例、比較表の作成）

例えば、先ほどのk380キーボードの場合であれば、次のような要望・欲求がある人には「絶対お勧めだよ！」と読者に教えてあげることが重要なのです。

- パソコンを使うと肩が凝る
- 家族に迷惑が掛からない無音のキーボードが欲しい
- 外出先でも使いやすい、持ち運びに便利なキーボードが欲しい

ここが一番重要な部分なので改めて言いますね。

1.　検索でアクセスしてきた人に……

2.　その商品が 絶対 必要だと教えてあげる

これができればアフィリエイトの売上が何倍にも増えます！

もっと「収入」を増やすコツ

投稿記事が増えてきたら、さらに収入を増やすテクニックがあります。
それは「**まとめ記事**」を作ることです。

- 「おすすめパソコン関連アイテム　ベスト10」
- 「時短に役立つ！　おすすめ家電」【予算別ランキング】
- 「もらって喜ばれる！　〇〇県のおすすめお土産 ベスト3」

このような「まとめ記事」を作りましょう！
まとめ記事のお勧めジャンルは次のとおりです。

- 食品（お土産・スイーツなど嗜好品）
- PC・スマホの周辺機器（マウス、USB、充電器など）

まとめ記事でもっとも反響があるのは、**数千円台の手ごろな価格の商品。**

種類が多くどれを選べばよいかわからないから「何がお勧め」なのかを教えてくれる商品が売れるんです。

例えば「母の日のプレゼント」のまとめ記事を考えてみます。

- **「母の日プレゼント」【予算別ランキング】**

次のように、予算別に5段階くらいのランキング形式のまとめ記事にすると、反応が良くなります。お試しください。

- **予算：1,000～2,999円**
- **予算：3,000～4,999円**
- **予算：5,000～7,999円**
- **予算：8,000円以上**

ちなみに「まとめ記事」は繰り返し表示している次の項目の「❹読者が『比較』する手間を省く」記事になります。

❶検索者の悩みや疑問を解決する
❷良質な情報がまとまっている
❸読者が「体験」する手間を省く（例、レビュー）
❹読者が「比較」する手間を省く（例、比較表の作成）

▼「まとめ記事」の利点

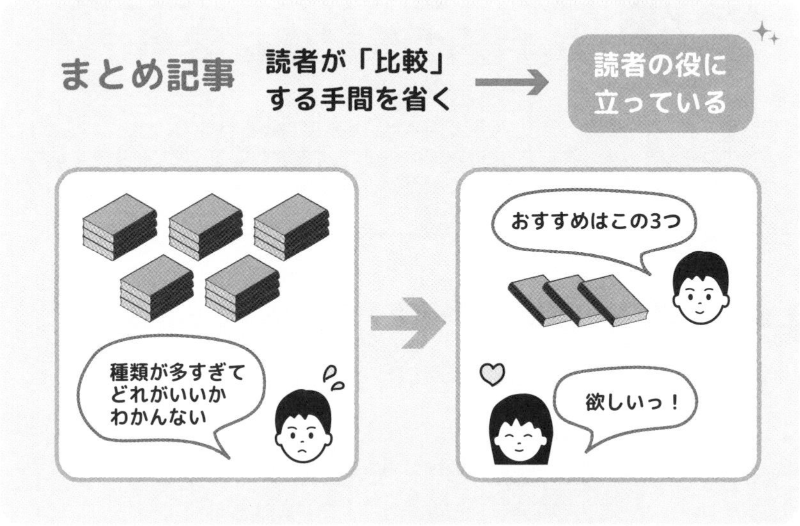

このように、**まとめ記事は読者の役に立っている記事なので、アフィリエイトで大きく稼げる記事になることが多い**んですよ！

読者はタイパに敏感です。そのため、労力・時間を大幅に省略できるまとめ記事は非常に人気があります。

Section 6-4

今まで稼げなかった記事が「稼げる記事に変身！」

記事を書いているけど稼げないという人は、本当に「検索者（読者）が欲しいもの」をアフィリエイトしているかを今一度、確認してみましょう。そこを変更するだけで、一気に稼げる記事に変わることがあります。

検索者（読者）が欲しいものをアフィリエイトする

以前、筆者にこのような相談が寄せられました。

旅行ジャンルで「観光情報」のブログ記事を書いています。
「ホテル予約サイト」のアフィリエイトしているけど……。
全然稼げないんです。

そこで、その人のブログを拝見しました。確かに観光情報を提供するブログなのですが、記事を読んでいてその記事の読者ってもしかしたら**すでにホテルの予約済みの人たちで、現地で「何か観光スポットないかな？」と調べている人**ではないかと思ったんです。

そのためホテル予約をアフィリエイトしても成約しないのではと考えました。

そこで、次のようなアフィリエイト案件に変更してみてはどうかと提案しました。

- **海外でも使える「モバイルルーター」**
- **フォトブック**
- **レンタカー紹介**

その結果「**稼げるようになった！**」と喜ばれました。

読者の気持ちとズレてはいないか

Google公式サイトにも次のように書かれています。

> アフィリエイトプログラムを選択する際、サイトの対象ユーザーに適した商品カテゴリを選択する。**サイトのコンテンツに合ったアフィリエイト プログラムを選択することで**、サイトの付加価値が高まり、Google の検索結果でのランキングが高くなり、**アフィリエイトプログラムから収益を得られる可能性が高くなります。**たとえば、アルプスのハイキングに関するサイトには、事務用品ではなくハイキング関連書籍の販売業者との提携が適しています。
>
> 【出典】: Google ウェブマスター向けガイドライン（強調部分は筆者によるもの）
> https://developers.google.com/search/docs/advanced/guidelines/affiliate-programs?hl=ja

もちろん、観光情報のブログとホテル予約がジャンルとして合っていなかったわけではありません。しかし、すでにホテルの予約を済ませて現地情報が知りたい読者にはミスマッチな提案だったというわけです。

このように、アフィリエイトで稼げない場合は「記事の内容に合ったアフィリエイト案件」が紹介できているか、「その記事の読者（検索者）が欲しいものが何なのか」を改めて考え直してみるのがお勧めです！

そこを変えるだけで一気に「稼げる記事」に変身することがありますよ！

記事と商品のミスマッチを解消することで、稼げるようになったわけです。

Section 6-5 広告収入以外のブログで稼ぐ方法

ブログで稼ぐ方法は「アドセンス」や「アフィリエイト」などの「広告収入」だけではありません。ブログを運営していることで、普段の生活からは想像もできないような夢のようなことが起こるチャンスがあるんですよ。その可能性について詳しく解説します。

ブログが「リアルの仕事」につながることも！

ブログの主な収入はアドセンスやアフィリエイト、純広告などの「広告収入」です。

しかし、ブログで稼ぐ方法はそれらだけではありません。

▼ブログの広告収入（比較）

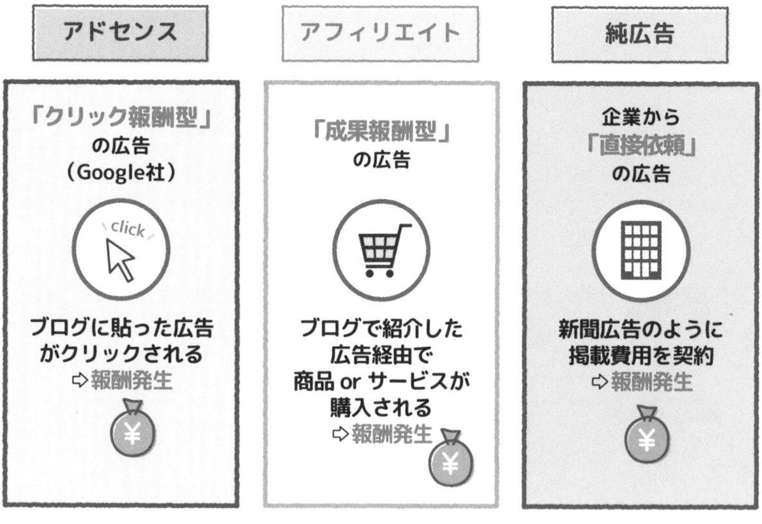

実はブログをやっていると「リアルの仕事につながる」ことがあります。

実際によくあるのは、商品やサービスのPR記事執筆、取材協力などでブログに直接、依頼があるケースです。

- **「記事執筆」の依頼**
- **「商品やサービスのPR記事」の依頼**
- **「取材協力」の依頼**

あなたのブログが本になって出版されることも！

記事執筆依頼の延長で「書籍（本）を出しませんか？」というオファーが来ることもあります。

実際、今読んでいるこの書籍は、出版社から直接ブログにオファーをいただきました。

また、自分の本業でブログをしている場合、ブログが「本業の営業宣伝サイト」の役割を果たすことがあります。その場合、ブログが成長するとブログを通じて本業のオファーを得られるかもしれません。

- **撮影した写真を掲載してるブログ➡写真撮影の依頼**
- **イラストを掲載してるブログ➡イラスト制作の依頼**

必ず「お問い合わせ」を設置する

仕事の依頼はブログの問い合わせ欄から来ます。

以前、ある人から「仕事の依頼をしたかったけど、ブログに問い合わせ欄や連絡先もないし、SNSもやってないから連絡が取れなかったことがあった」という話を聞きました。

もちろん、意図的に連絡先を用意していないケースは別ですが、もしそうでないのであれば、せっかくのチャンスがもったいないですよね。

WordPressブログに「問い合わせ」欄を設置するのはとても簡単です。

72ページでも紹介した「**Contact Form 7**」というプラグインを導入すれば簡単に設置できます。ブログ運営が軌道に乗って来たら導入してみましょう。

■「お問い合わせ」の設定方法（ContactForm7の使い方）
https://xn--9ckkn0019c8wwb.jp/contactform

Contact Form 7を導入したら、初期設定状態の次のフォームを設定するだけで利用できます。

次の図は筆者のブログの問い合わせ欄です。

「お名前」
「メールアドレス」
「題名」
「メッセージ本文」

▼お問い合わせフォーム（https://xn--9ckkn0019c8wwb.jp/form ）

Section 6-6

「迷子」に注意！

今の時代、ネットを見ればあらゆる情報に触れることができます。しかし、その弊害として、情報があふれているため「情報の森」のなかで迷子になってしまう人が増えています。そこで、あふれる情報の中から「正しい情報」を選び有意義に活用するためのコツを解説します。

多くの情報を集める必要はない

ブログで「成果」を出すために重要なポイントは、「多くの情報を見すぎない」ことです。

なぜなら、ブログ運営には「正解」がないため、多くの人が「**自分なりに上手くいった方法**」を発信しているからです。それは筆者も同じです。

例えば、「素敵な結婚相手の見つけ方」には、「お見合い」「友人の紹介」「職場で探す」などいろいろな方法があります。でも、これが「絶対！」という正解はありません。

昨今では「婚活疲れ」という言葉も聞きます。頑張りすぎて「多くの情報を見すぎる」ことで、何が正解かわからなくなって迷子になってしまう人も多いようです。

これは、ブログも同じです。**ブログに関する「多くの情報を見すぎる」ことで「何をすれば良いのか？」がわからなくなり、迷子になってしまう人が多い**のです。

パッチワークは危険

いろんな情報の一部分だけ切り取って、パッチワークのように自分で編集してしまうと、かえって間違った情報になってしまうことがあります。

そして、それを実践しているため、上手くいかない。

実は、こういう人がかなり多いのが現状です。

例えば、ブログの記事に関して、あるサイトでは「記事は1週間ぐらい時間をかけて質の高い記事を書こう」と書いてありました。一方別のサイトでは「初心者はまず記事をたくさん書いて慣れよう。質は後からついてくるから」と書いてあったとします。

これらを見たら「どっちが正しいの？」と混乱しますよね。

でも、この2つ情報から**自分にとって都合の良い部分だけを抽出して「1週間に1記事。質はあとからでいいか……」と決めると、絶対に上手くいきません。**

「情報源」を1つに絞る

このような状況に陥らないために、まずは「情報源」を絞りましょう。

できれば1つ。多くても2〜3程度です。

特に初心者のうちは、その絞った情報源以外の情報は見ないほうが良いです。ただし、絞った情報源自体に違和感を覚えたら、別の情報源に切り替えましょう。そういう直感はよく当たるので大事にしましょう。

「この人から学ぼう！」と決めたら、その人が発信している情報（ブログ、Twitter、メルマガなど）を、じっくり読んで学びましょう。

２〜３記事だけチェックするのでなく、ブログ全体を隅から隅までチェックすることで、その人が発信している情報がより深く理解でき、結果として「正しい情報」が収集できます。

そして、そのやり方を忠実に真似してみましょう。

浮気はダメ

ある料理研究家の言葉ですが、**料理をおいしく作る最適な方法は「レシピ通り」に作ること**なのだそうです。

例えばカレーだったら、市販のカレールウの箱に書いてある作り方の通りに作ったカレーが一番おいしいのだそうです。

ブログも同じで、レシピ通りに忠実に真似て実践してみることをお勧めします。

「あのサイトで書いてあったこれと…そのサイトに書いてあったあれを

……」のように、いろんな情報をごちゃまぜで実践してたら上手く行きません。浮気はダメです。

なぜかと言うと、初心者のうちは「なぜ上手くいかなかったのか」の判断ができないからです。アレンジというのは、基本がしっかりとできたうえで行うものです。参考にする人の多くは成功者です。最初は成功者が確立したメソッドを基本に忠実に実践しましょう。

大事なことは１つだけ

このときに注意することは１つだけ「**その情報が新しいかどうか？**」です。

目安としては「１年以内」の情報です。新しければ新しいほど良いです。

なぜなら**ブログの世界は変化が非常に速い**からです。

例えば「転職アフィリエイト」が始まった当時は、ブログ初心者でも多くのアフィリエイト報酬を得ることができました。

しかし、それはもう数年前の話です。

ライバルが多くなってしまった今では、ブログ初心者には厳しいジャンルなので、筆者は正直お勧めしていません。

しかし、それが数年前に流行ったことだと知らない初心者は、「転職アフィリエイトをやってみたい！」と思うはずです。実際そういう人が多いです。

そのため、「**その情報が新しいかどうか？**」「**今でも通用する情報なのか？**」は必ず意識してチェックしてくださいね。

それさえ確認しておけば大丈夫です。

あとは、自信を持って「そのやり方」を忠実に真似て実践してください。

例えば、あるブログでノウハウを公開しているのであれば、その**ブログ全体を隅から隅までチェックして、やり方を真似してみましょう。**

もちろん１周ではダメです。人間はすぐ忘れる生き物ですから、そのブログを１周する頃には、最初読んだ内容なんてもう忘れています。だから、もう１周しながら真似をする。

それを繰り返し３周する頃には、結果が出るようになりますよ。

Part6のまとめ

ブログ収益を増やすには次の方法がお勧めです。

- **あなた自身が愛用している商品を紹介する**
- **その商品が「絶対」必要だと教えてあげる**
- **検索者（読者）が欲しいものを紹介する**
- **「まとめ記事」を作る**

どれも筆者が実践して結果が出ている方法なので、ぜひ試してくださいね。

また、ブログに問い合わせ欄を設置することで、

- **「記事執筆」の依頼**
- **「商品やサービスのPR記事」の依頼**
- **「取材協力」の依頼**

などにつながるチャンスがあります。問い合わせ欄はぜひ設置しておきましょう。

次の**Part7**では、**ブログの収益アップに役立つTwitterの活用方法**について具体的に解説します。

column 6

「リンク」を変えるだけで収入が増える？

アフィリエイトのリンクの種類は大きく分けて3種類あります。「テキストリンク」「ボタン画像リンク」「広告主から提供された画像リンク」です。

❶テキストリンク

▼ アフィリエイトリンク（テキスト）

→ 無料ダウンロードはこちらから

❷ボタン画像リンク

▼ アフィリエイトリンク（ボタン画像）

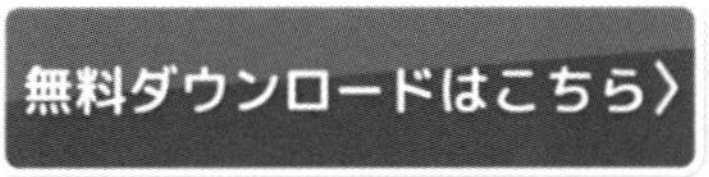

❸広告主から提供された画像リンク

▼ アフィリエイトリンク（広告主提供の画像）

実は筆者も、どれを選べば良いのか迷って、どのアフィリエイトリンクが読者にクリックされやすいかを検証してみたことがあります。

その結果、次の順番でクリック数が多いという結果が出ました。

❶テキスト
❷ボタン画像
❸広告主から提供された画像

ただし、広告のジャンルや画像の内容によっては結果が異なる可能性もあることをご了承ください。

一番効果的なアフィリエイトリンクは？

さらに３種類の広告を組み合わせたらどうなるかも検証してみました。アフィリエイトリンクを単体で使用するよりも、**「テキスト」＆「ボタン画像」を組み合わせて使うときがクリック数がもっとも多い**ことがわかりました。

▼アフィリエイトリンク（テキスト＆ボタン画像）

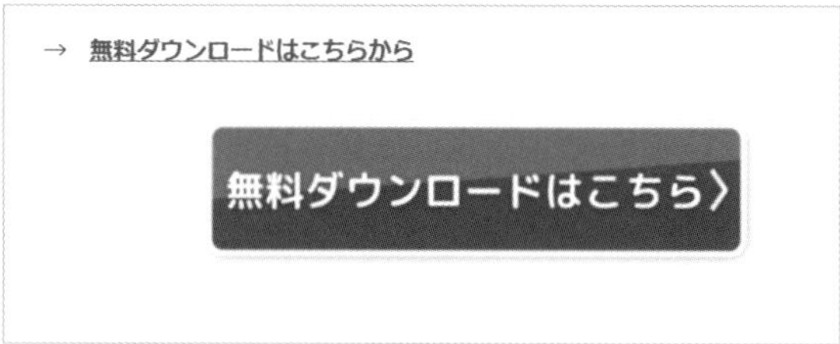

上図のように**「テキスト」＆「ボタン画像」**の組み合わせがもっともお勧めです。

ボタン画像の作り方

リンクのボタン画像は自分で作るのですが、WordPressのテーマによってはテンプレートが提供されているものもあります。

例えば、筆者が愛用している「AFFINGER」という有料テーマならボタン画像のテンプレートが用意されており、簡単に作れてお勧めです。

Part 7

Twitterで ブログの収益アップ

Twitterを使うことで「ブログのアクセス数が増える」「アクセス数の集まる人気記事が作れるようになる」「記事ネタが集められる」これだけのことができます。本章を読むと「そんなことができるんだ！」と腰を抜かすほどビックリすると思いますよ！

Section 7-1

TwitterでブログのアクセTス数が増える

「今日投稿した記事」がGoogleで上位表示されるまで３ヶ月から１年かかることがあります。しかし、Twitterを使えば今日書いた記事にすぐアクセスを集めることができるのです。

Twitterとブログは収益化の相性抜群！

筆者はブログとともにTwitterアカウントも運用しています。現在は2万弱のフォロワーがいます。

例えば、ブログの記事を投稿したあとに、Twitterで次のように記事の紹介をします。

▼ツイート例

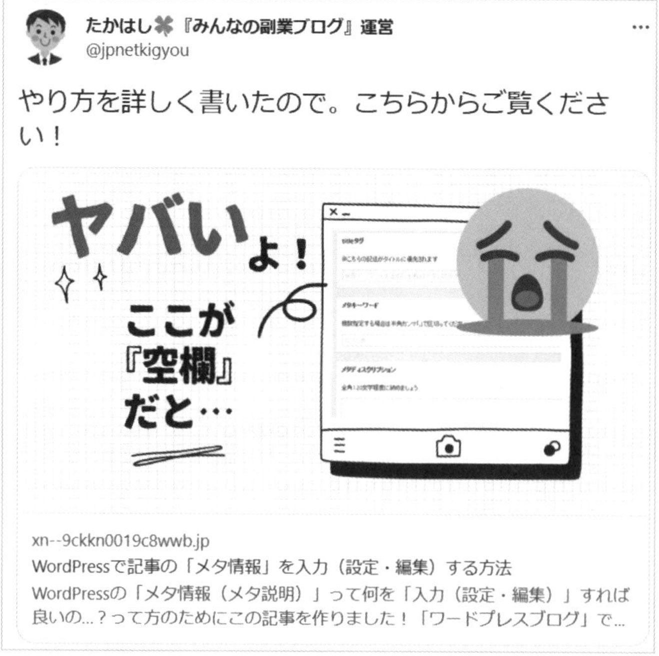

次の画像は先ほどのツイートの解析画面ですが、「リンククリック数」が633となっています。１回ツイートするだけで600以上のアクセスを集めることも可能なのです。

▼ツイートアナリティクス結果

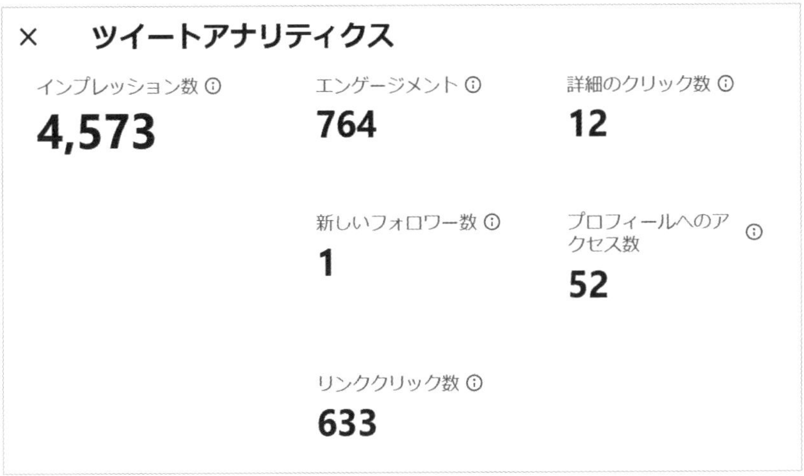

このように運用次第で発信力、集客力を持つTwitterですが、短所もあります。それは「**Twitterそのものでは収益化に向いていない**」ということです。

Twitterはブログへアクセスをすぐ集めることができる集客力に優れています。しかし、Twitterは基本的に140文字までしか文章を書けないので、商品を紹介するアフィリエイトには不向きです（記事執筆時点、「Twitter Blue」サブスクリプションを利用すれば、年間10,280円の利用料金で１投稿2,000文字の投稿が可能）。

このようにTwitterは収益化には向いていないのです。

ブログはTwitterのような文字数制限はありません。しかも、ブログ記事は一度投稿すれば、24時間いつでも見られます。

そのため、ブログはアフィリエイトによる収益化が得意なのです。

そこで、**Twitterの長所である集客力と、ブログの長所であるアフィリエイトによる収益化というお互いの長所を活かすことで、効率的にブログのア**

クセスアップと収益化ができるのです。

▼ブログとTwitterは相性抜群！

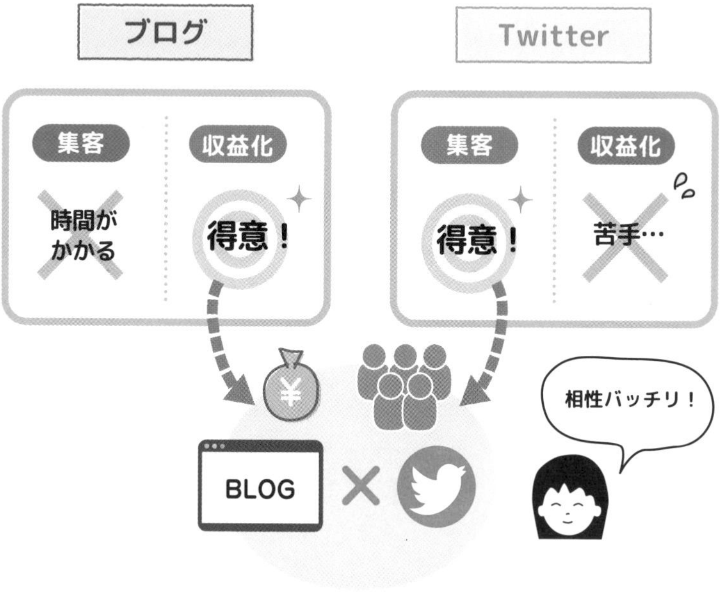

TwitterはGoogleの上位表示にも有利

Twitterで記事を何度も紹介していると、Googleで上位表示されやすくなります。

実際に筆者が検証してみてわかったことですが、**Twitterで紹介したブログ記事にアクセス数がたくさん集まると、Googleはその実績を評価して上位表示されやすくなる**ようです。

一般的にはGoogleで上位表示されるのに3ヶ月〜1年程度かかります。それがTwitterを使うことで期間をかなり短縮できる傾向があります。

そのため、ブログ初心者でも検索上位のライバル記事を逆転できる事例が最近増えているんですよ！

Section 7-2

Twitterを使えば人気記事が簡単に作れる！

「Twitterを使えばアクセスを集めることができる」という話をしましたが、実は他にもブログ運営に役立つことがあります。それが「マーケティングツール」としての機能です。筆者はこの点でTwitterは「最強のマーケティングツール」だと思っています。なぜなら、この機能を使えば「アクセスが必ず集まる人気記事」を作ることができるからです。

Twitterを使えば「読者が興味あること」がすぐわかる

筆者が「Twitterは最強のマーケティングツール」だと考えるのは、次の理由からです。

Twitterを使えば**読者のニーズや興味、関心ごと、悩みなどを、わずか24時間程度で収集できます。**

筆者はよく次のようなツイートをします。

- 「〇〇」について詳しく知りたい方は返信ください
- 「〇〇」について興味ある方は返信ください

▼ツイート例

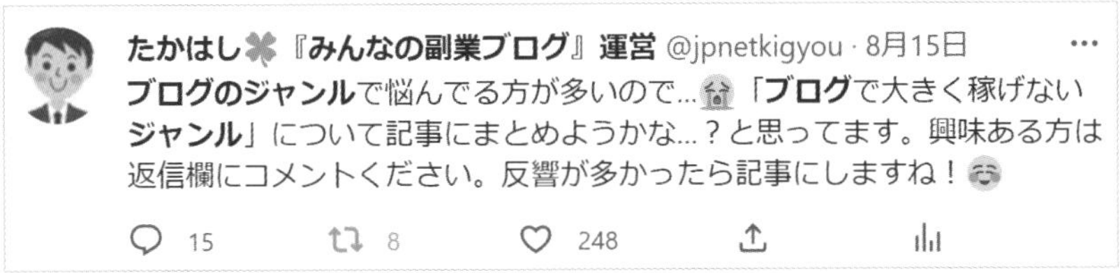

これで「読者の興味や関心ごとが何なのか？」を簡単に調査できます。

フォロワーの関心が高い話題には「返信」や「いいね」がたくさんつきます。

実際このツイートの場合、最終的に返信が16件届きました。

▼ツイート例

　このようにTwitterを使えば読者の興味や関心ごとが何なのかという「ニーズ調査」が24時間程度あればできてしまうのです。しかも無料です。

　これは企業などが多くの予算と時間をかけて行っている「**市場調査**」と同じです。

　筆者はこれが可能なTwitterは「最強のマーケティングツール」だと思っています。

アクセス数が集まる記事を簡単に作る方法

先ほどのリサーチでフォロワーの関心が高いネタを把握したら、その内容を記事にしましょう。

記事が完成したらツイートで紹介しましょう。すると「読者に必ず喜ばれる記事」になります。

こういう記事は拡散されることが多いので、被リンクも自然と増えます。Google検索で上位表示されることも多いのです。

このように読者の興味がある内容をTwitterで調査して記事にすると、毎回必ず人気記事になります。

▼ブログ投稿をツイートして集客につなげる

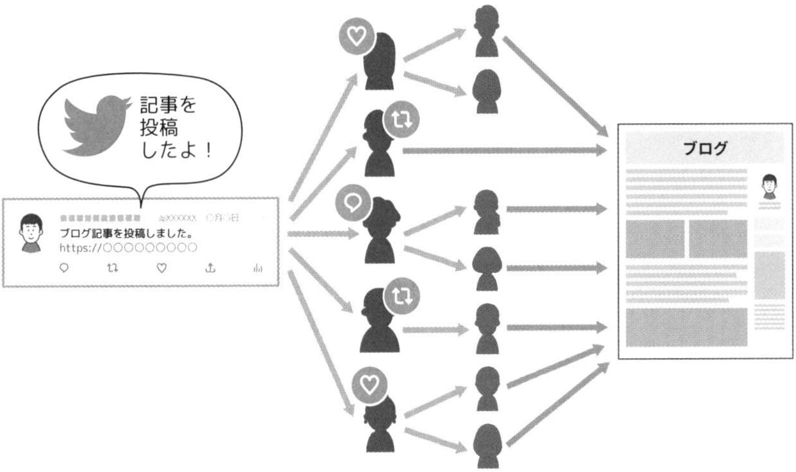

質の高い記事ができ収益も増える

事前にリサーチして反響があったテーマの記事の場合、記事の読者からの反応も多いです。

- **この記事の〇〇の部分が参考になった！**
- **〇〇はどうなんですか？**

このように、単純な賛否だけでなく、アクティブなフォロワーからは記事に関するリクエストがあることもあります。それらをもとに記事を更新することで、さらに記事の質が高くなるという最高の循環になります。

このように、Twitterでの調査をもとにしたブログ記事は、**アクセス数だけでなく収益アップにもつながる記事になる可能性が非常に高い**のです。

読者が「読みたい！知りたい！」と感じる記事を一緒に作る感覚なので、記事作成で失敗することもありません。アクセス数が必ず集まる人気記事を作ることができる最高の方法です。

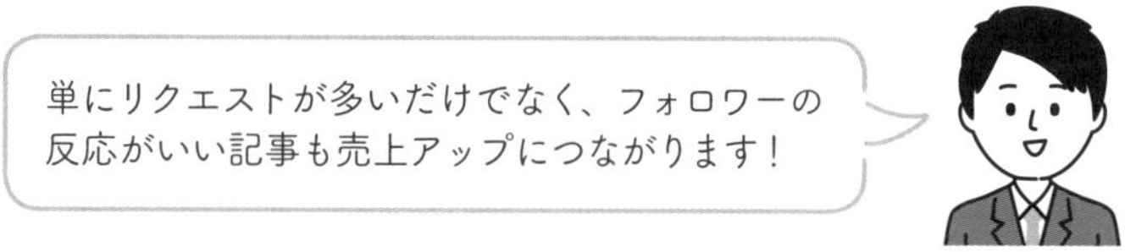

Section 7-3

Twitterなら簡単に記事ネタが集められる

本節で解説する方法を用いれば「100%確実に喜ばれる記事」がわかるのはもちろん、逆に「アクセスが集まらない」であろう記事も事前にわかります。ぜひ実践してみてくださいね。

100%確実に喜ばれる記事がわかる方法

「どんな記事を書いていいかアイディアが浮かばない」と言う人は、ツイートでの質問の仕方を変えるだけで効果的です。

例えば、次のような感じでツイートします。

- **〇〇について悩みや困ったことがあったら返信ください**
- **〇〇について知りたいことがあったら返信ください**

この問いかけに対し、読者にとって関心が高い話題であれば返信があります。

あなたはその返信にあった質問やリクエストに対する答えを記事にしてあげればOK。記事作成も簡単です。

読者が興味あることが確定しているネタなので、「100%確実に喜ばれる記事」になります。

アクセスが集まらない記事もわかる

このようなツイートをすることで、100%確実に喜ばれる記事がわかる一方、逆に「**アクセスが集まらないだろう記事**」も事前にわかります。

自分では「絶対に人気が出るだろう！」と思って時間かけて一生懸命に書いた記事なのに、いざ公開したらまったく誰にも読まれなかった……。これはブロガーであれば誰もが経験します。

できれば、そんな記事は避けたいものです。

そのためにまずツイートで読者の反応を確認してみましょう。

ツイートしたけど読者の反応がなかったら、その記事は「読者の興味がない」内容である可能性が高いです。そのためアクセスが期待できないことがわかります。なので、その記事は書かないほうが良いでしょう。

ただし、ツイートでの質問の仕方を変えるだけで、反応がガラッと変わることもよくあります。いろいろTwitterで試してみるのも楽しいですよ！

とにかくTwitterは、読者のニーズや興味、関心ごと、悩みを、無料でかつ短時間で調査できる最強のマーケティングツールなので、ぜひ活用しましょうね！

Twitterはブログのアクセス数や収益アップに確実に役立ちます！

▼ツイートで読者の反応を見て記事のネタを決める

Section 7-4

ブログ運営に役立つTwitterアカウントの育て方

Twitterでフォロワー数を増やすことに執着している人がたくさんいます。フォロワー数は多いに越したことはありませんが、Twitterをブログ運営に役立てたいのであれば、フォロワーの数よりも重要なことがあります。

フォロワー数はあまり重要じゃない！

Twitter運用でもっとも重要なのはフォロワー数ではありません。もっとも重要なのは「**Twitterで交流する仲間がどれだけいるか？**」です。

例えば、次の場合は後者のほうが価値があると筆者は感じます。

「フォロワー1万人だけど仲間がゼロ」
「フォロワー100人だけど仲間が10人」

そもそもTwitterは「人とコミュニケーションをするためのツール」です。あなたが積極的に仲間と会話して交流を楽しむ様を見て「私も仲間に入りたい」と感じてフォローしてくれる人も増えます。

そういう仲間が1人でも増えることのほうが、やみくもにフォロワー数を増やすよりも重要なのです。

そして、Twitterを通じて大切な仲間が増えることでここまで解説してきた内容も実現できるようになるのです。

Twitterにも伸びる目安がある

「フォロワー数はあまり重要ではない」と言いましたが、とはいえフォロワー数が数人の状態でツイートしても誰にも見てもらえませんし、仲間を増やすにも時間がかかってしまいます。そのため、ある程度の土台は必要です。

筆者の経験上、**フォロワー数が1,000人を超えるとツイートが今まで見てもらえてなかった人にも届き始めるようになります**。さらに、これまで以上に仲間も増えやすくなります。
さらに、フォロワー数が2,000人を超えると、ツイートへの返信や記事紹介したときにもらえる感想が増え始めます。
これはTwitterのアルゴリズムと関係するので、今後も変化はあると思いますが、目安として**2,000フォロワーを超えると反応が大きく伸び始める**ので覚えておいてください。

プロフィールが重要！

こう書くと「自分は早く結果が欲しいから1ヶ月で2,000フォロワー達成しよう！」とフォロワー数を増やすことが目的となってしまう人がいますが、繰り返しになりますが重要なのはやはり「Twitterで交流する仲間がどれだけいるか？」です。
そのために重要なのが**Twitterのプロフィール欄**です。
プロフィール欄を見ている人は、「**このアカウントをフォローすると自分に何を与えてくれるのか？**」ということを無意識に探しています。
なので、プロフィールには次のようなことをわかりやすく書きましょう。

私をフォローすると、あなたには「こんなメリットがありますよ！」
「こんな情報が得られますよ！」

例えば「ブログ運営についてツイートします」のように書くとわかりやすいので、あなたをフォローしてくれる人が増えますよ。

Twitterも長く続けることが大切

早く結果が欲しいと焦る気持ちはわかりますが、大切な仲間を作るには時間がかかります。早い人でも2〜3ヶ月はかかると思います。
Twitterもブログと同じで、長く続けるほど大切な仲間も増えます。そして**仲間と交流することでアカウントが育ち、将来のより良い結果につながります**。焦らずじっくりと続けていきましょう。

Part7のまとめ

Twitterを使うと、次のような効果が見込めます。

- **ブログのアクセス数と収入が増える**
- **Googleで上位表示されやすくなる**
- **アクセス数の集まる人気記事が作れる**
- **記事ネタが集められる**

Twitterはブログと相性がバッチリです。ブログ運営に良いことがいっぱいあるのでぜひ活用してくださいね。

次の**Part8**では、**「ブログで稼ぐ人の特徴」**について解説します。

column 7

Twitterを上手く活用できていないと悩んでいる人へ

初対面の人をいきなり信頼することは少ないと思います。

それと同じで、あなたのTwitterアカウントが初見で信頼されることはまずありません。

Twitterのフォロワーさんは、

- **日々の、あなたのツイートを見てくれたり……**
- **返信であなたとコミュニケーションしたり……**

このような経験を通じて、あなたを少しずつ信頼してくれるようになります。

その信頼関係がないと、あなたのブログ記事も見てくれないし、あなたが勧めた商品を購入してくれることもありません。

私たちはTwitterをネット上のサービスと理解していますが、**Twitterでのやり取りの本質はリアルの世界と一緒**です。

なぜなら、そこにあるのが人間同士のコミュニケーションだからです。

Twitterはツールですが、Twitterを使っているのは人間です。そこを忘れてはいけません。

もしあなたがTwitterを上手く活用できていないと悩んでいるなら、一度改めてコミュニケーションの取り方についても考えてみましょう。

Part 8

ブログで稼ぐ人の特徴

ブログで稼ぐ人には大きく5つの特徴があります。ここではその特徴と、それを実践するための方法について解説します。

Section 8-1

継続できる人

ブログは「継続」する期間が長いほど、稼げるようになります。特に、筆者の周りで結果を出している人の多くが「実践記」を継続しています。なぜ実践記が効果的なのか、その理由も含め解説します。

3年目に急伸

ブログは「長く取り組む」、つまり「継続」するほど、稼げるようになります。なぜなら、ブログは長く取り組むほどGoogleから評価が上がり、結果的にアクセス数が増えて収入が増えるからです。

例えば筆者の場合、継続して長くブログに取り組むことで、ブログの収益が次のように伸びてきました。

- 1年目：年収0円
- 2年目：年収180万円
- 3年目：年収1,200万円
- 4年目：年収1,400万円⇦イマココ

ブログで稼ぐのは簡単ではありません。副業でブログ記事を書くだけでも大変で、**初収入を得るまでが特に大変です**。筆者も最初の1年は収入ゼロでした……。

しかし、ブログは収益が「0」から「1」になり、さらに軌道に乗れば「1」➡「2」➡「4」➡「8」と加速度的に収入が増えていきます。また、成果が上がるほどに楽しさが倍増していきます。

▼ブログ収益化イメージ

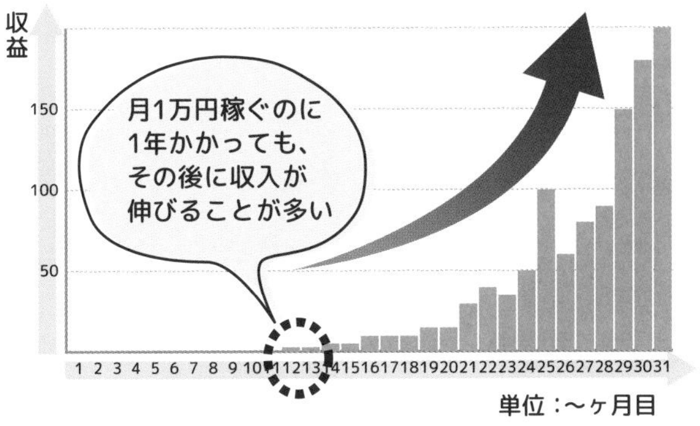

ブログで月１万円稼ぐために１年かかったとしても、１年後には月収10万円も可能ですし、その後もさらに成長して１年後に月収50万〜100万円と爆発的に増えていく可能性も十分あるのです。

このように、ブログは正しく運営していけば、長く取り組んで継続するほど稼げるようになります。

だから、繰り返しになりますが**ブログは１〜２年であきらめちゃ絶対ダメ**なのです。

お勧めは「実践記」

ブログを楽しく継続するためのコツとして、筆者がお勧めするのは「**実践記**」です。

実践記とは、この1ヶ月間で何を学び、何に挑戦し、どんな結果を得たか、そして来月は何に挑戦したいか、どんな結果を得たいかなど、**「先月の振り返り」と「今月の目標」を記事にするもの**です。

なぜ実践記がお勧めかというと、**実践記はほぼ必ず人気記事になる**からです！

また、実践記をお勧めする理由は他にもあります。あなた自身にとっても大きなメリットが２つあるのです。

❶努力してきたことを確認できる
❷過去の失敗や成功の振り返りができる

❶努力してきたことを確認できる

毎月、自分自身の成長を確認でき「今までこんなに頑張ってきたんだ！」と励みになり感動しますよ。

そして「来月も頑張るぞ！」と目標達成への意欲が高まります。

❷過去の失敗や成功の振り返りができる

ブログを続けていると、何かのきっかけで**突然伸びる**ときがあります。しかし、その原因が何なのかわからないことがあります。

しかし、ブログに実践記を書いておけば、原因の類推が可能です。原因がわかれば、同様のメソッドを用いて横展開することで収益源を増やせますよね。そういう結果検証ができるので、ブログの成長に役立つのです。

実践記の目次例

参考までに実践記の目次構成の例を紹介します。

- **1月の結果（アクセス数、収益、記事数など）**
- **1月に挑戦したこと**
  ※「〇〇ジャンルの記事を書いた」「SEOの本を読んだ」など
- **1月の振り返り**
  ・失敗したこと
  ・成功したこと
- **2月の目標（アクセス数、収益、記事数など）**
- **2月に挑戦したいこと**

例えば、現在が１月であれば、今月（1月）と次月（2月）の内容を記事にします。

もし「1月に『挑戦』したこと」が「〇〇ジャンルの記事を書いた」ことであれば、その結果を「2月」や「3月」……さらに「半年後」にはどうなったかというように、毎月結果を記録することで、過去に実践した内容が失敗だったのか成功だったのかの振り返りができます。

もし失敗であれば原因を分析して同じ失敗を防ぐことができますし、成功であればその方法を横展開して成果を短期間で伸ばすことが可能になります。

筆者の場合、これまでも次のようなことを実践記を通じて検証してきました。

- **収益が増えるアドセンスの配置**
  （詳細はPart9のSection9-1を参照）
- **クリックされやすいアフィリエイトリンクの比較検証**
  （詳細はPart6のコラムを参照）
- **Twitterを使ってブログのアクセス数を増やす**
  （詳細はPart7のSection7-1を参照）
- **上位表示に役立つメタ情報**
  （詳細はPart5のSection5-6を参照）
- **更新後のURL検査ツールの効果**
  （詳細はPart5のコラムを参照）

これまでに数多くの検証を行い、ブログの収益アップに効果的な方法を発見してきました。

このように、挑戦したことを備忘録として実践記に書いておくことで、やりっぱなしの状態にならずに「検証」➡「改善」➡「検証」➡「改善」のサイクルを繰り返し、より良い結果を導き出しやすくなります。

実践記は短期間でブログを大きく成長させられる

ブログは一般的に、初期からすぐに成果を出すのは困難です。

筆者も成果ゼロから初収入を得るまでが大変でしたし、その後の月5万円の収入に成長するのも大変でした。

しかし、そこから月10万円、月20万円と増えて、月100万円を達成するまでの間は、とても楽しくてあっという間の出来事でした。

その成長ができたのも、実践記を振り返ることで過去の失敗を繰り返さずに済んだことが大きいです。

そして成功要因を分析することで、同じ方法を「横展開」することができたため、収入を短期間で大きく伸ばすことができたのです。

ブログで稼ぎたいならぜひ実践記を記事にしましょう。本当にお勧めです。筆者の周りでこれを継続できている人は結果を出していますよ！

すぐに成果を出すのが難しいブログで、実践記はすぐに成果を出せる手法。ぜひ試してみて！

Section 8-2

ポジティブ（前向き）な人

ブログは思い通りの結果がすぐ出るものではありません。なので、ちょっとしたことも気にせず「次は上手くいく！」と前向きに行動できる人が向いています。

「俺も稼げそう！」と考えられる人

アフィリエイトマーケティング協会の調査資料によると「月1万円以上のアフィリエイト収入」があるのは35.4%だそうです。

さらに月100万円以上のアフィリエイト収入がある人は6.5%です。

▼月額アフィリエイト収入の割合（2022年）

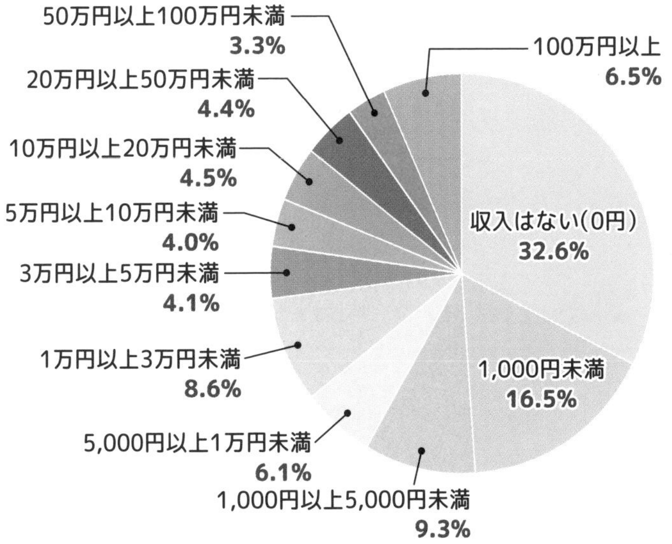

出典：アフィリエイトマーケティング協会「ひと月のアフィリエイト収入」（https://affiliate-marketing.jp/release/202207.pdf）より

「100万円以上の人は6.5%」という数字をあなたはどう感じますか？
ポジティブな人は「俺も稼げそう！」と感じるでしょう。

他人と比較して落ち込まない人

人間は他人と比較してしまう生き物です。なので、比較自体は悪いことではありません。

他人と比較して「俺も頑張るぞ！」とやる気を出すのは良いことです。

逆に、他人の成果を見て「自分はなんてダメなんだ……」と落ち込むことは良くありません。

自分よりも優れた（結果を出している）人と比較することを「上方比較」などとも言いますが、上方比較した際に「自分もそうなりたい」「そのうち超えたい」とポジティブ（前向き）に感じ取れる人は、ブログ運営にも向いています。

一方で、「こんなにできない」「自分では勝てない」とネガティブに比較してしまうのは良くありません。

ブログにかけられる時間は人それぞれです。１日中ブログ作業に費やせる人もいれば、副業で週末しか取り組めない人もいます。

自分のペースで焦らずポジティブにブログを続けることが大切です。

上を見てそこを目指すのは良いことですが、落ち込んでは逆効果。前向きに行きましょう！

Section 8-3

失敗を恐れず積極的にチャレンジできる人

ブログ運営では、積極的にチャレンジする人ほどチャンスを多くつかむことができ成功しやすいです。実際、筆者もダメでもともとという気持ちでやってみたら、望外に上手くいったことがたくさんあります。

ダメもとでやったら……

150ページでも書きましたが、ライバルが少なく上位表示されやすいロングテールキーワードを選んで適当に書いた800文字程度のブログ記事がすぐに上位表示され、アフィリエイトであっという間に月5万円になった経験があります。

たった800文字、原稿用紙にして2枚程度の内容でも、読者にとって役立つ記事になる場合もあります。

「こんな記事を書いてもアクセスは集まらないのでは……」と思っても、いざ投稿してみるとGoogleで上位表示されたということは、実はよくある話です。

なので、あまり難しく考えずに「とりあえず思いついたら、ダメ元で記事にしてみる」ことをお勧めしています。

積極的にチャレンジする人ほどチャンスをたくさんつかめますよ！

どんな記事がヒットするかはわかりません。面白そうなネタはどんどん記事にしていきましょう！

突然のアフィリエイト終了で安定収入がゼロになったことも

アフィリエイトを続けていくなかで、アンラッキーなこともありました。

筆者は以前、ある商品のアフィリエイトで毎月10万～15万円の安定収入がありました。それがある月から突然ゼロになったことがあります。広告主の事情でその商品のアフィリエイトが終了してしまったからです。

ブログ収入というのはサラリーマンのように毎月の固定給が約束されているわけではありません。突然、減ってしまうリスクがあることを忘れないでくださいね。

月5万円を達成したら一気に伸びた

ただし、一度でもアフィリエイトで稼ぐ経験をすると、その成功体験を他の商品のアフィリエイトで応用できるので、稼ぐのがかなり楽になります。

ブログでは収入ゼロから月5万円の収入になるまでが大変です。しかし、いったんある程度収入を得るようになると、あとは応用の連続なので、そこから月10万円、月20万円、月50万円と階段を一気に駆け上がるように収入を増やすことが可能なのです。詳しい内容についてはPart9を参照してください。

積極的にチャレンジする人ほど、こういうチャンスをつかみ大きく成長することが可能です！

一度収益を上げるとコツが身につきます。いろんなことに挑戦して引き出しを増やしましょう！

Section

8-4 心に余裕がある人

心に余裕がない人は稼げないことが多いです。不思議なことですが、稼ぎたい気持ちが強い人や心に余裕がない人の記事は、その気持ちが文章にあふれてセールスの臭いが強く出てしまうからです。そして、それが読者に伝わってしまうのでアフィリエイトの成果が出ないのです。それではどうすれば良いのかというと、コツがあるのでお教えしますね！

「アフィリエイト」＝「商品を売りつける」ではない

アフィリエイトは「成功報酬型の広告」です。ブログへアクセスして来た人が、アフィリエイトリンク経由で広告主のサイトで商品やサービスを購入すると、それに応じてブログ主が報酬を得ます。

なので、もちろん仕組みで言えば「アフィリエイト＝商品を売る」です。

しかし、**アフィリエイトで稼げる人の多くは、読者に対して「何か役立つこと」を提供しているから、その対価として報酬がもらえる**のです。

再掲ですが、読者の役に立つ記事というのは悩みを解決する記事、良質な情報がまとまっている記事、レビュー記事、比較記事などです。

- **検索者の悩みや疑問を解決する**
- **良質な情報がまとまっている**
- **読者が「体験」する手間を省く（例、レビュー）**
- **読者が「比較」する手間を省く（例、比較表の作成）**

読者に対して勧める商品も、売れるものであればなんでもいいというわけではありません。

- **家族や友人に勧められる商品**
- **読者の悩みを本当に解決する商品**

これらを誠意を持って紹介して

- **お勧め商品（サービス）の公式サイト**
- **一番お得に買えるサイト**

をブログで情報提供するのです。

このように、**読者に対して「何か役に立つこと」をしているからアフィリエイトで報酬がもらえるのです。**

ブログで稼げない人の中には、稼ぎたい気持ちがはやって、「アフィリエイト」＝「商品を売りつける」と考えてしまう人がいます。しかし、そういう姿勢は必ず記事に出ます。そしてそれが読者に敬遠される原因になるのです。

「この商品を、なぜ親友（あるいは家族や恋人）に勧めるのか」を考えながら記事を書いてみましょう。

そうするだけで売上アップする人も多いんですよ。

▼良質な情報を提供し、読者の役に立つことを心掛けよう

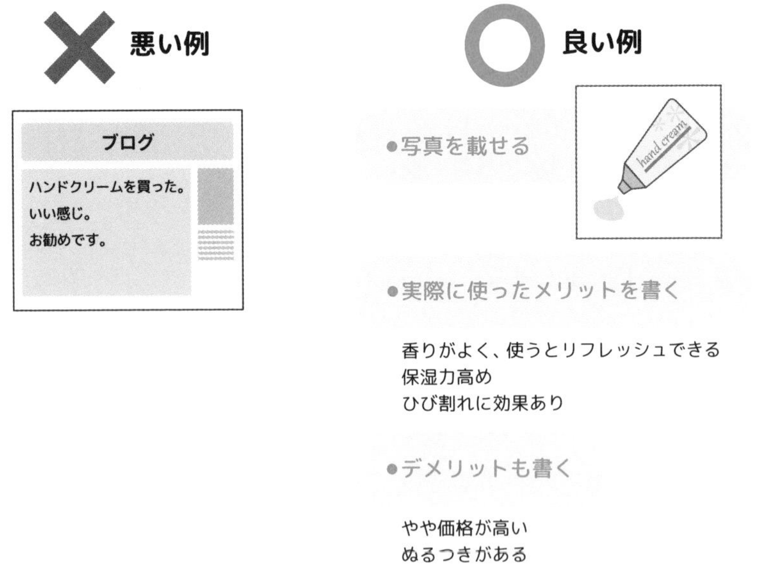

読者からの信用の積み重ねが大切

アフィリエイトでは、読者からの信用がないと成果は出ません。

ブログのアクセス数が増えてくると「あなたのブログで商品を紹介してください。特別報酬をお支払いします」というオファーが届きます。

このとき、特別報酬に誘惑されて**試してもいない商品を紹介するのは絶対にやめてください。**

儲け話につられて読者を裏切った結果、読者からの信用を失って稼げなくなったブロガーを何人も見てきました。

ブログで長期的に稼ぎたいと思っているなら、読者の役に立つ記事を書いて読者からの信用を得ないといけません。

すごく大事なことなので覚えておいてくださいね。

自分が考える以上に、読者は嘘を見抜きます。
信用をなくすような記事は絶対に駄目です。

Section 8-5

行動が早い人

ブログで稼ぐのは「行動が早い人」です。そういう人はインプットした情報をすぐ実践して結果を得るので、失敗も多い一方で成功体験も圧倒的に多いです。その小さな成功体験をコツコツと積み重ねていった差が、将来の大きな差となって返ってくるのです。ここでは行動を早くするためのコツを解説するので参考にしてみてくださいね。

スキマ時間を活用する

ブログで稼ぐ人は、「**スキマ時間**」を工夫して有効に使っている人が多いです。

「本業をやりながらだと、ブログを書く時間がなくて継続できない」と悩むブロガーは大勢います。実は筆者もそうでした。

しかし、本業があってもブログ運営を継続して収益化している人もいます。そういう人たちはスキマ時間を上手に活用しています。

例えば、ブログには「パソコンで記事を書く」時間以外にも必要なことがたくさんあります。

- **ネットで情報収集**
- **ブログについての勉強**
- **記事ネタや構成を考える**

これらはパソコンを使わなくても**スマホで可能**です。

そこで筆者の場合、平日のブログを書けない日は、通勤電車で読書をしたり、スマホで検索してブログに関する情報収集をしています。

それを**1年続けたら知識が増え、増えた知識を実践して継続したら2年目にブログ収入が一気に伸びました。**

「パソコンがなくてもスマホでできること」をスキマ時間にぜひ行ってみてください。

- 会社の昼休み
- 電車で移動中

このようなちょっとしたスキマ時間でも積み重ねると大きな差になります。1年続けるだけで周りと大差をつけられますよ！

時間がないと悩んでいる人は、ぜひスキマ時間を活用していきましょう。

▼スキマ時間を活用する具体例

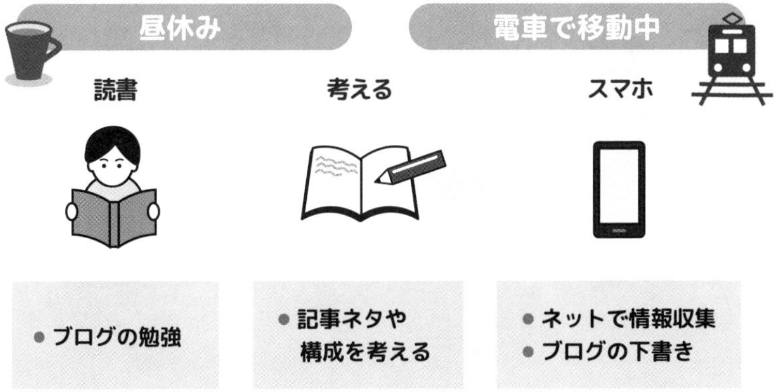

平日と休日でルールを決める

「仕事のある日」と「休日」では時間の流れが違います。そこで、仕事の日と休日の2パターンで、作業に使う時間のルールを決めるのがお勧めです。

- 仕事の日
- 休日

例えば仕事の日は退勤後にカフェでブログ作業をする、というルールにする。休みの日は午前中はブログ作業をし、午後は自由時間とする、という感じです。

- 仕事の日：退社後、カフェに寄ってブログ作業
- 休日：午前中だけブログ作業。午後は自由

▼平日と休日の過ごし方

平日は、家に帰るとつい怠けてしまうのでカフェで作業をする。

土日は早起きして午前中だけ作業して、午後は休日を楽しむ！

このような**「自分ルール」を決めて習慣化すると、メリハリがついて継続しやすい**のでお勧めですよ。

Part8のまとめ

ブログで稼ぐ人の特徴は次のとおりです。

- **継続できる人**
- **ポジティブ（前向き）な人**
- **失敗を恐れず積極的にチャレンジできる人**
- **心に余裕がある人**
- **行動が早い人**

アフィリエイトでは、読者からの信用がないと成果は出ません。ブログで長期的に稼ぎたいなら、読者の役に立つ記事を書いて読者からの信用を得ることが大切なので覚えておいてくださいね。

最後に、次のPart9でブログを収益化するのに「**具体的に何をすれば良いか？**」を順に解説していきます。

column 8

初心者ブロガーを狙う詐欺に注意

Twitterを始めると、怪しいアカウントからDM（ダイレクトメッセージ）が来ることがあります。これは「初心者ブロガーを狙う詐欺」である場合がほとんどなので、注意してください！

DMの内容は、次のようなものが多いようです。

- **「簡単な作業で稼げるネットビジネスをしていますが、興味ありませんか？」**
- **「一緒に頑張りたいので、一度通話しませんか？」**

最初はビジネスの提案をするように装いながら、何度かやりとりをしているうちに数十万円もする高額な教材などを売りつけてきます。

Twitterを始めたばかりの頃は、他人からメッセージをいただくことがほぼないので、いきなりDMが届いたら嬉しくなって、つい返信してしまう人も多いようです。

しかし、このような**DMを一方的に送ってくるアカウントは詐欺の場合がほとんどなのでご注意ください。**

詐欺に騙されないか不安という人は、思い切ってDMを閉じてしまうのが良いでしょう。

実際、筆者はTwitterでDMを使っていません。それで今まで困ったことは一度もありません。

Part
9

ブログ収益化のロードマップ

最後に「ブログ収益化までの流れ」について説明します。本章を読めば、ブログを収益化するためには具体的に今から何を始めて、何を実践していけば良いかがわかります。自分が何をすべきかが明確になれば、迷わずにゴールまで突き進めます。ぜひじっくり、そして何度も読み返して「収益化のイメージ」を膨らませてくださいね！

Section 9-1

収益化への道のり 月1万円達成まで

まずはWordPressブログを作って「月収1万円」を目指しましょう。最初は基本を学びながら記事を作成していきましょう。すべてはそこから始まります。

まずは「月収1万円」を目指そう

　おさらいになりますが、ブログで収益を得るための方法は主に次の3つです。

▼ブログの広告収入（比較）

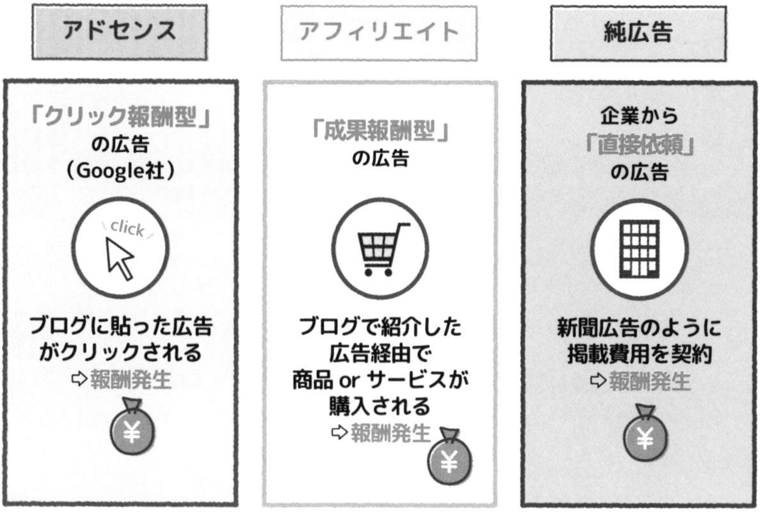

　このうちブログ初心者は、次の2つで収益化を目指しましょう。

- アドセンス
- アフィリエイト

WordPressブログを作って記事を投稿します。投稿した記事へのアクセスが増えてきたら、まずはアドセンスで収益化しましょう。

そして、ブログ収益の柱であるアフィリエイトは、アクセス数の多い記事から始めるのがお勧めです。

▼ブログ収益化の道のり

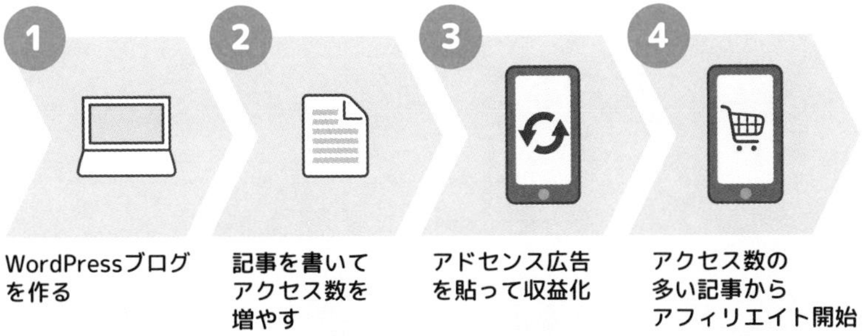

では、手順を説明します。

❶ WordPressブログを作る

▼ブログ収益化の道のり①

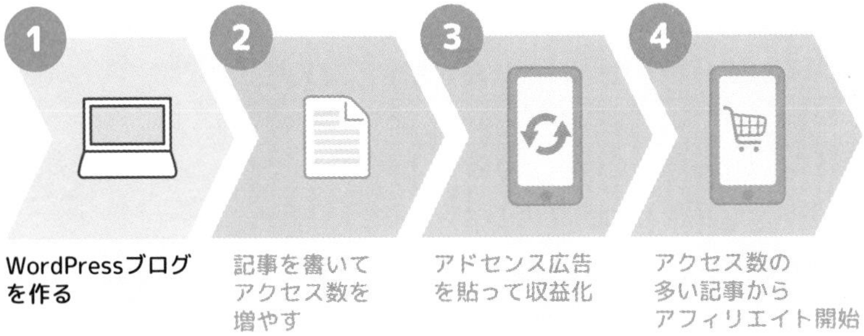

WordPressブログの作り方についてはPart3で詳しく解説しています。レ

ンタルサーバーを契約し、独自ドメインを設定、SSLの設定、レンタルサーバーへのWordPressのインストールが大きな流れです。ブログ更新を快適にするWordPressのテーマ選択についても解説しています。

❷記事を書いてアクセス数を増やす

▼ブログ収益化の道のり②

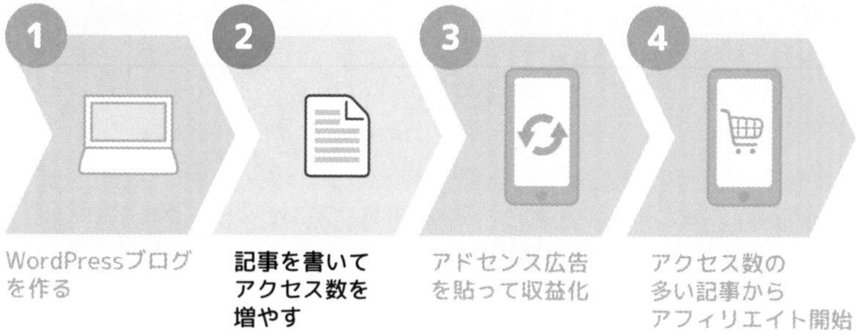

まずはブログに慣れよう！

ブログに慣れるために一番良い方法は、記事作成をしながら実践で学んでいくことです。これがもっとも効果的です。

まずは「自分の好きなこと」や「知識のある分野」で記事を書くのがお勧めです。

最初のうちは、なかなか上手に書けないものです。しかし、先輩ブロガーのように上手く書けないのは当然なので気にする必要はありません。誰でも最初は下手なので安心してください。筆者も最初はすごく下手でした。

それでも何記事か書いていくうちに、記事のレベルはどんどん上がっていきます。10本程度書き上げた頃には使い方にも慣れるので大丈夫ですよ。

ブログって何を書けばいいの？

「自分の好きなこと」や「知識のある分野」を書こうと言われても、何もないのだけど何を書けばいいのかわからないという人は、次の2つのテーマから書いてみるのがお勧めです。

1. 体験談
2. 検索してもすぐ答えが見つからないこと

詳しくはPart4のSection 4-6で説明しています。

ルールを守って記事を書こう

ブログ記事の書き方には「ルール」があります。
このルールを守って記事を書かないと、Googleに上位表示されにくくなってしまうため、ブログ記事を書くときはルールに沿って書きましょう。
ブログ記事の書き方のルールについては、Part4で詳しく解説しています。特に「記事タイトル」「アイキャッチ画像」「冒頭の数行」「見出し」「まとめ」はGoogle上位表示に必須のテクニックです。

ロングテールキーワードを狙う

ブログにGoogleからアクセスを集めるには**キーワードの選定**が最重要です。
検索キーワードには検索ボリュームが多いもののライバルがひしめき上位表示が難しい「**ビッグキーワード**」と、検索ボリュームは多くないもののライバルが少なく上位表示されやすい「**ロングテールキーワード**」があります。
月間平均検索ボリュームが10～100のように、ライバルが少なく上位表示されやすい「ロングテールキーワード」でまず記事を書いて、アクセス数が多い記事を中心に関連記事を増やしていくのがお勧めの方法です。

▼ロングテールキーワード

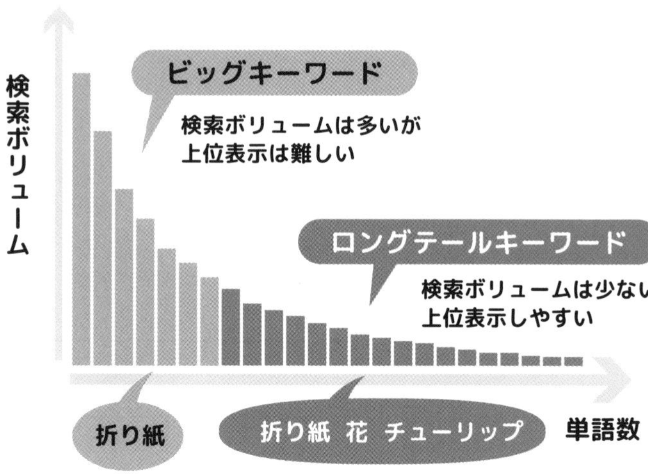

キーワード選定についてはPart5で詳しく解説しています。

あなたの**ブログのアクセス数上位10記事は、月に1度のペースで更新しましょう。すると、少しずつGoogle検索での順位が上がってきます。**

❸アドセンス広告を貼って収益化

▼ブログ収益化の道のり③

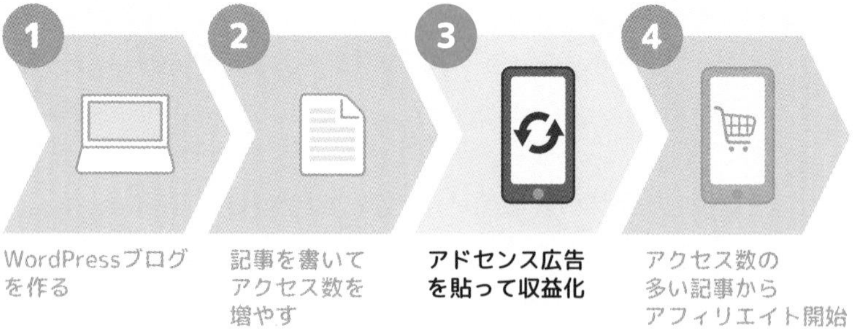

ブログのアクセス数が増えてきたら「アドセンス」で収益化しましょう。

最初はアドセンス収入

目安として、**ブログのアクセス数が月3万PVあれば、アドセンスのみで月1万円の収入になる**イメージです。

Google AdSenseのPV単価はジャンルによって変わりますが、おおむね1PVあたり0.2円〜0.4円ほどです。

▼アドセンス「月収1万円」イメージ

アドセンスはクリック報酬型の広告です。ブログに貼られた広告を読者がクリックしただけで報酬がもらえます。

一般人がブログを始めて、もっとも収入を稼ぎやすいのがアドセンスです。

報酬額はあまり大きくありませんが、実は**どこに広告を設置するかで収益額が大きく異なります**。

さらに、意外に知られていないのが**パソコンとスマホでも収益額が大きく異なる**という点です。

パソコンとスマホどっちの収入が多い？

読者はパソコンもしくはスマホ（タブレット含む）を使って、あなたのブログを見ています。

パソコンとスマホのどちらからの収入が多いかを比較すると、ブログのジャンルによって多少比率が変わりますが、**パソコンが3割、スマホが7割**です。スマホからの収益の割合がかなり多いことがわかりますね。

- パソコン：約30%
- スマホ：約70%

▼アドセンス収益（端末比率）

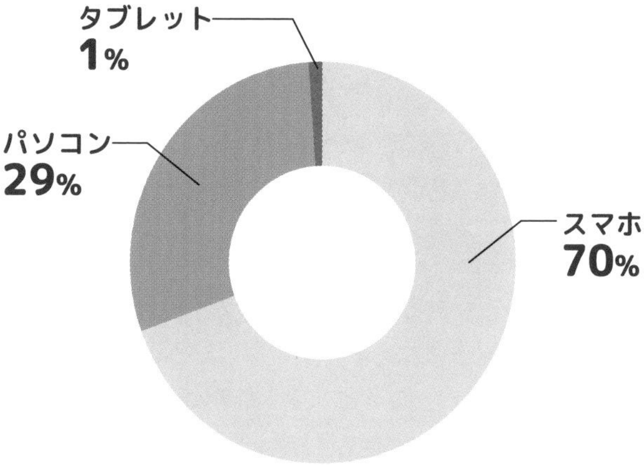

また、**パソコンとスマホでは画面の大きさや要素の配置が異なるため、広告の効果的な設置場所も異なります。**

パソコンとスマホでは、それぞれ**どこに広告を設置すると収益が最大化するかを検証した結果**を紹介します。

①パソコンでのアドセンス設置箇所

パソコンでは「**目次上**」「**サイド**」「**記事下**」「**関連コンテンツ**」の全4ヶ所に広告を設置するのがおすすめです。

1. 目次上
2. サイド
3. 記事下
4. 関連コンテンツ（Multiplex 広告）

▼アドセンス設置場所（パソコン）

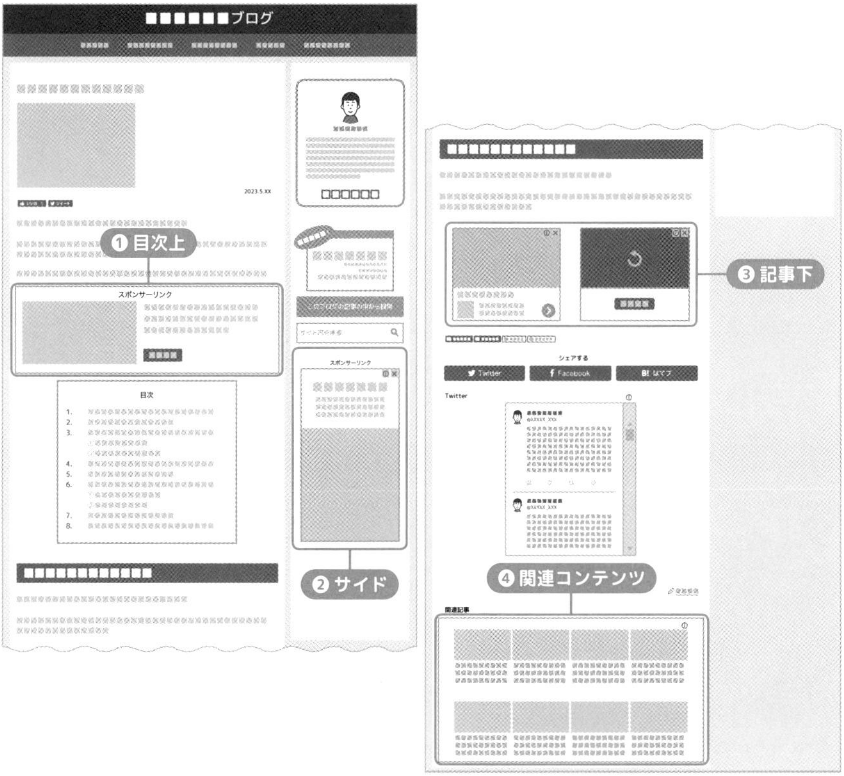

パソコンのアドセンス収入と配置場所

　アドセンス収入と配置場所の検証結果を調べました。目次上が40%、記事下が26%、サイドが23%、関連コンテンツが11%です。

▼「アドセンス収入」検証結果（パソコン）

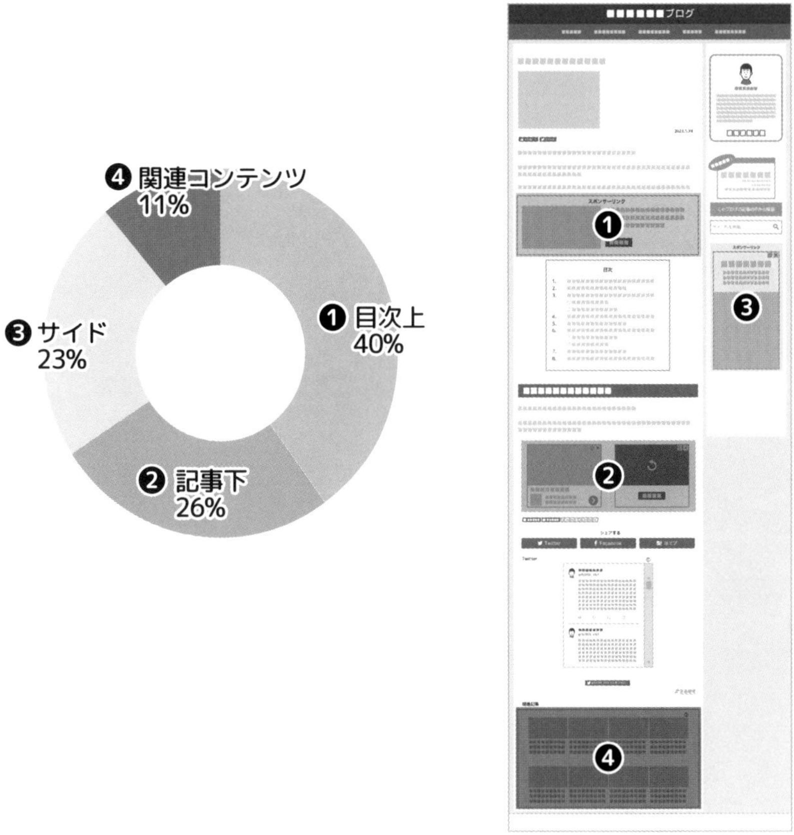

　この通り**目次上だけで40%**を占めます。

②スマホでのアドセンス設置箇所

スマホでは「画像下」(アイキャッチの下)、「目次上」、「記事下」「関連コンテンツ」の4ヶ所に広告を設置するのがお勧めです。

▼アドセンス設置場所(スマホ)

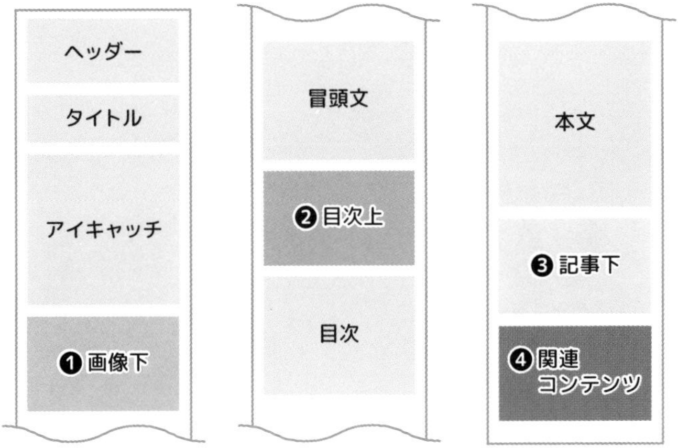

スマホのアドセンス収入と配置場所

「アドセンス収入」と「配置場所」の検証結果をまとめてみました。画像下が42.4%、目次上が33.5%、記事下が12.8%、関連コンテンツが10%です。

▼「アドセンス収入」検証結果（スマホ）

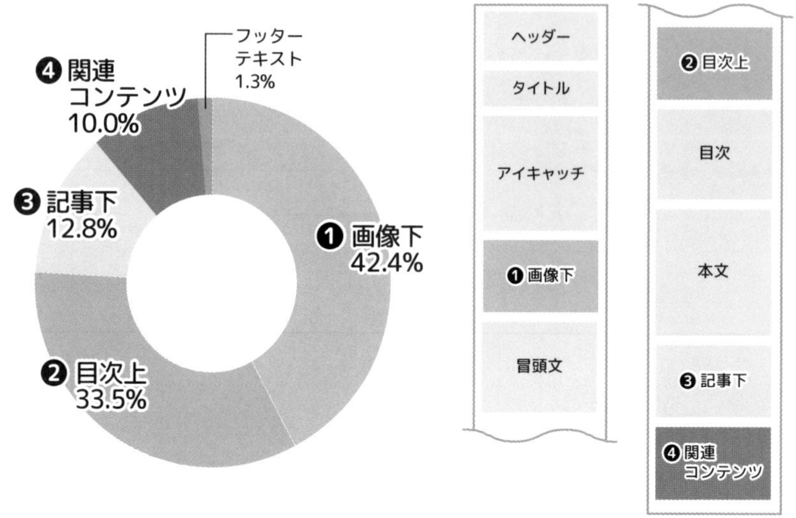

なんと**画像下と目次上で全体の約75%の収益**です。

まだアドセンスを設置していない人は、この調査結果をもとにぜひ試してみてください。もちろん、アドセンスの成果の出方にはブログや記事内容、広告によっても差が出ます。あくまで参考にしてもらえればと思います。

アドセンスの設置方法は次のブログ記事を参考にしてください。

■ **おすすめブログ広告配置はこれ！**
https://xn--9ckkn0019c8wwb.jp/adsense

④アクセス数の多い記事からアフィリエイト開始

▼ブログ収益化の道のり④

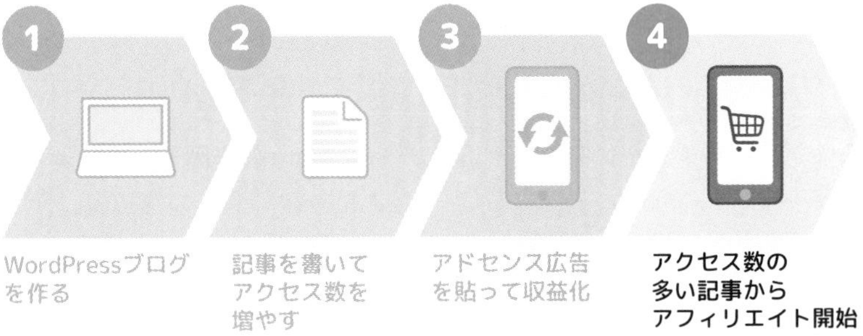

ブログ初心者は**アクセス数が多い記事ができたらアフィリエイトを始める**ことをお勧めします。

なぜなら、アクセス数がほとんどない状態でアフィリエイトしても収入が発生することはないからです。

一方、アクセス数が多い記事であれば成果はすぐに出ます。

あなたがお店を開くなら、人がいない山奥ではなく人通りの多い駅前を選びますよね。

▼アクセス数が増えたらアフィリエイトを始める

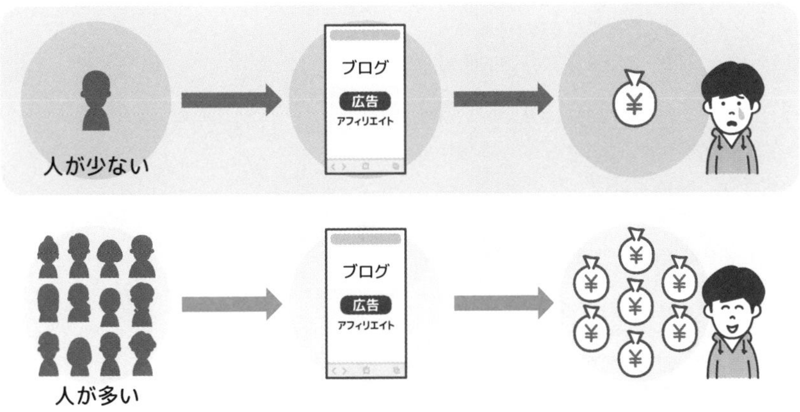

ブログ初心者の中には、「まずアフィリエイトを始めてからアクセス数を増やそう」と考える人が多いですが、まずはアクセスを集める記事を書くことに専念し、アクセス数が多い記事ができたら、そこにアフィリエイトリンクを貼りましょう。

筆者もこの順番に変えてから収入が一気に伸びました。

ブログ初心者にはAmazonアフィリエイトがお勧め

ブログ初心者に最初にお勧めするのが、**Amazonの商品を紹介するアフィリエイト**です。Amazonアフィリエイトは商品アイテムが豊富で、記事にあった商品が見つかりやすいためです。

アクセス数が多い記事ができたら、**記事の内容に関連した商品のアフィリエイトリンクを貼りましょう。**

例えば、東野圭吾氏の「ガリレオ」シリーズの小説を読んで書いた記事のアクセスが増えたら、その書籍を紹介してAmazonのアフィリエイトリンクを貼りましょう。

書籍だけでなく、ドラマ「ガリレオ」のブルーレイボックスを紹介してもいいですね。

▼アフィリエイトリンク

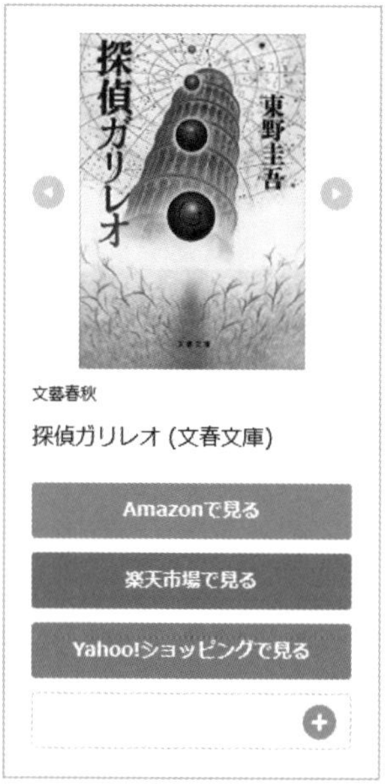

最初はAmazonがお勧めですが、楽天やYahoo!ショッピングも商品ラインナップが豊富で、アフィリエイトリンクが簡単に作成できるので、次の3つのアフィリエイトリンクをまとめて貼り付けるようにすると良いでしょう。

- Amazon
- 楽天
- Yahoo!ショッピング

アフィリエイトリンク作成の詳しい手順は次の記事にまとめてあります。参考にしてみてください。

■ **クリック数が増える！「アフィリエイトリンク」の貼り方**
https://xn--9ckkn0019c8wwb.jp/afi-link#toc6

アクセス数が伸びた記事に合う
アフィリエイト商品がない場合は？

アクセス数の多い記事ができたけれど、記事の内容に関連したアフィリエイト商品が見つからなかった場合、無理に貼らなくてもOKです。

その場合、その記事からアフィリエイト収入は発生しませんが、**Googleからのブログ評価が上がるので、今まで上位表示されていなかった記事が上位表示されるようになったりします。**

つまり、アクセス数が多い記事ができると、他の記事のアクセス数も増え始め、ブログ全体のアクセス数が大きく伸びるのです。

▼ブログのアクセス数アップのイメージ

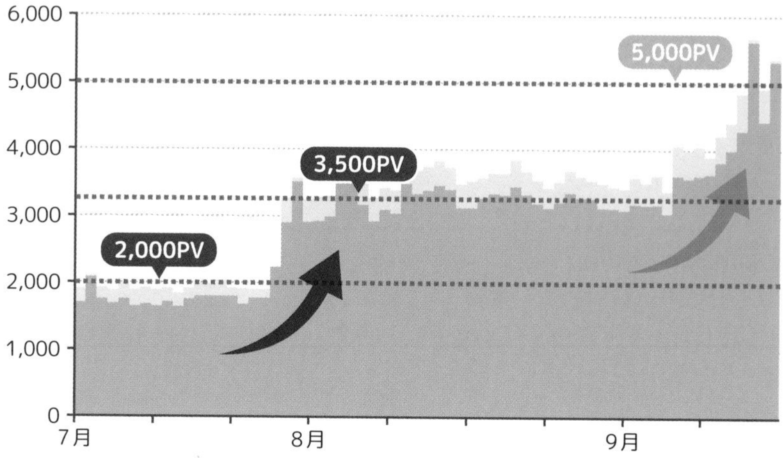

例外もありますが、ブログのアクセス数は更新を続けていけば基本的に右肩上がりに増えていきます。

例え今はアクセスがほとんどない記事でも、今後あなたのブログ評価が上がれば、突然Googleの検索順位が上がってアクセス数が増えてくることがあるのです。

そのためにも、ブログでは記事数をコツコツと増やすことが大事なのです。

アフィリエイト案件が新しく誕生することも…

今は適切な商品がASPになくても、新しいアフィリエイト案件が生まれることもありますし、Googleで上位表示されるとASPから個別にオファーが来ることもあります。

以前、筆者が使っていた非常に便利なツールがあったのですが、なぜかネット上には詳しい情報がありませんでした。

そこで筆者がそのツールの便利な使い方を記事にしたところ、アクセス数が増えていきました。そうすると、ある日そのツールを開発・販売する会社から「ツールのアフィリエイトをやっているので紹介してもらえませんか」と連絡が来たことがあります。アフィリエイトリンクを貼ったらすぐに売れ始めました。

「こりゃ凄いぞ！」と楽しくなって関連記事をたくさん作ったらもっとアクセス数が集まり、あっという間にアフィリエイト報酬が10万円になったことがあります。

ブログを続けていると、こういうこともたくさんあるんですよ！

ブログの評価アップに役立つ

このように、アフィリエイト案件がない記事でも上位表示されアクセス数が多い記事は、ブログの評価アップに大きく役立っています。

- **アフィリエイト収入につながらない記事だから書いても意味がないということはない**
- **アクセスを集める記事のおかげでブログ全体の評価が上がり、過去に書いた記事が上位表示され始めたり、これから新しく書く記事が上位表示されやすくなる**

アフィリエイト収入にならなくても、アクセス数が多い記事は間接的にブログの収入アップに大きく貢献しているんですよ。

Section
9-2
収益化への道のり
月10万円達成まで

月収1万円を達成したあと、月収10万円を目指すならアフィリエイトに本格的に取り組むことをお勧めします。

月収1万円を達成したら「月収10万円」を目指そう

月収1万円まではアドセンスだけでも達成可能ですが、月収10万円を目指す場合じゃアドセンスだけでは厳しくなります。

前述しましたが筆者の1ヶ月のブログ収入は次の通りです。

- **アフィリエイト：110万円**
- **アドセンス：6万円**

見ての通り、**ブログ収入のほとんどがアフィリエイト**です。

このように月収1万円を達成して**月収10万円を目指すなら、アフィリエイトに本格的に取り組んでいく**ことをお勧めします。

月収10万円への道のりは「紹介記事を作る」「集客記事をたくさん作る」の2つのプロセスです。

▼ブログ収益化の道のり（月10万円）

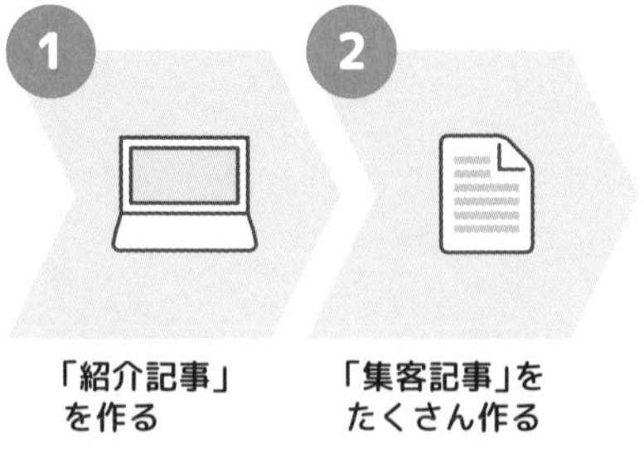

❶「アフィリエイトで稼げる記事（紹介記事）」を作る
❷「集客記事」をたくさん作る

❶「アフィリエイトで稼げる記事（紹介記事）」を作る

▼ブログ収益化の道のり（月10万円）①

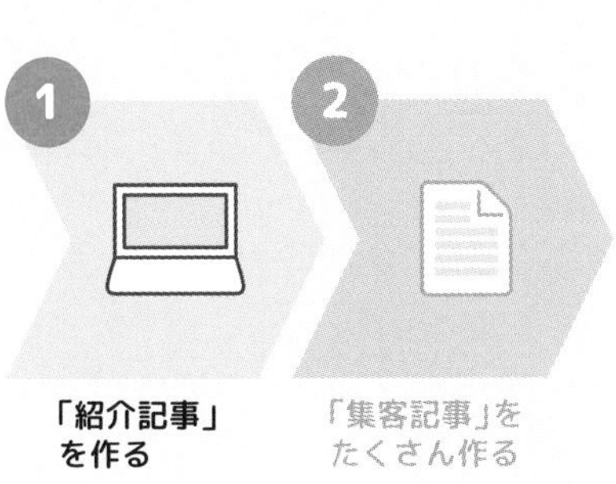

まずアフィリエイトで稼げる記事「**紹介記事**」を作りましょう。

- **アフィリエイトで稼げる記事の書き方**
- **アフィリエイトで売れる商品の見つけ方**

これらについてはPart6で詳しく解説しているので参照してください。

❷「集客記事」をたくさん作る

▼ブログ収益化の道のり（月10万円）②

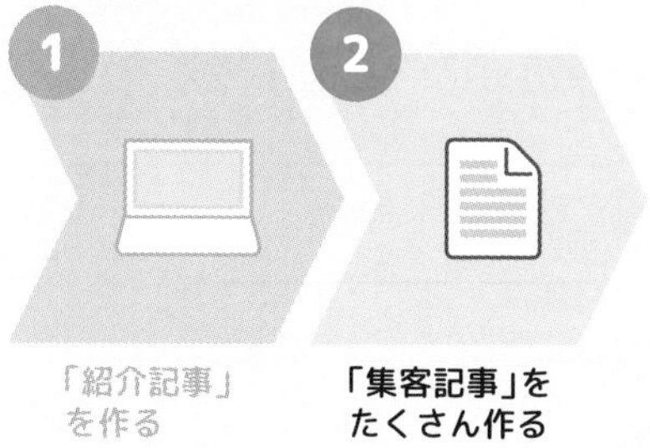

Part6を参考にして「アフィリエイトで稼げる記事（紹介記事）」を書いたら、その記事にアクセスを集めることでアフィリエイト収入を増やすことができます。

アクセスを集めるためには「**集客記事**」をどんどん増やしていきましょう。

▼「紹介記事」と「集客記事」

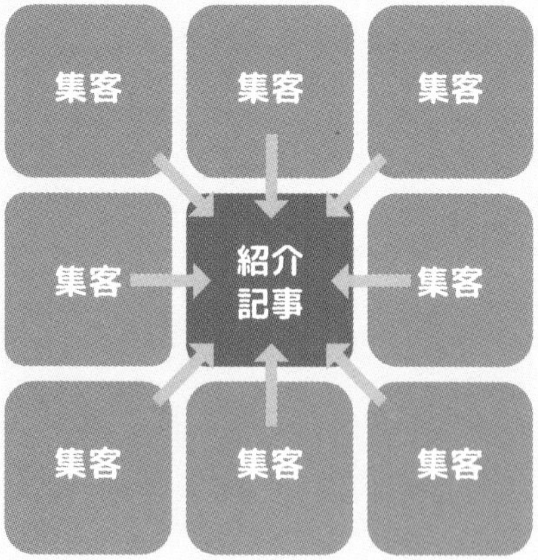

Section5-3でも触れましたが、例えばあるキーボードの紹介記事を作ったら、集客記事は「キーボード」に関連する記事を作っていきます。

- **キーボード 反応しない**
- **キーボード 音 静か**
- **キーボード 汚れ**

キーボードに関する**悩みや疑問に関連するキーワード**を選び記事を書きましょう。

▼「紹介記事」と「集客記事」の構成例

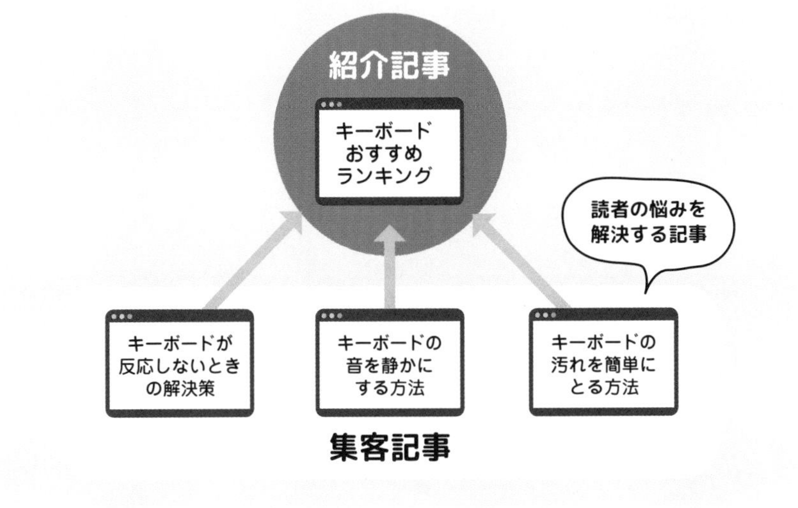

集客記事のネタ集めに便利なサイト！

悩みや疑問が浮かばないときに利用すると便利なのが、「**ラッコキーワード**」（https://related-keywords.com/）というサイトです。

ラッコキーワードは、Google検索であるキーワードの検索ボリュームや類義語、絞り込み（サジェスト）キーワードなどを調査できるサイトです。

集客記事のネタ集めに利用する場合、調べたいキーワードが掲載されているページを調査することで、記事のヒントが得られます。

例えば「キーボード　悩み」というキーワードで、ラッコキーワードを利用してQ&Aサイトに掲載されている記事を調べることができます。

「キーボード　悩み」

▼ラッコキーワード画面

キーワードを入力して、左カラムの「Q&Aサイト（知恵袋など）」をクリックすると、Q&Aサイトに掲載されている「キーボード　悩み」に該当する内容が表示されます。

- Yahoo! 知恵袋
- 教えて !goo

▼**ラッコキーワード画面（検索結果）**

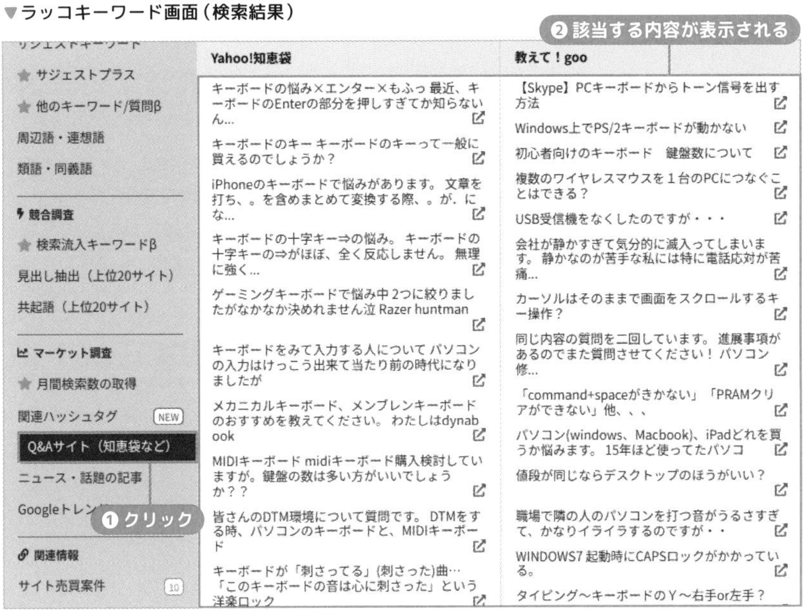

これを読めば、多くの「キーボードに関する悩み」を知ることができます。

このようにラッコキーワードを使って、悩みや疑問に関する記事を検索してみましょう。

- **「キーボード　悩み」**
- **「キーボード　疑問」**

これで読者の悩みや疑問を知ることができます。

そして**悩みや疑問への「答え」「解決策」を記事にする**ことで集客記事を作ることができます。

Q&Aサイトの記事の多くは「悩み」なので、Googleで検索されるキーワードが含まれていることが多く、アクセス数も集まりやすいのです。

Section 9-3

収益化への道のり 月20万円達成まで

ブログは月収10万円を達成すると、そこから一気に伸びることが多いです。なぜなら月収10万円以降は、これまでの応用と拡大でブログを伸ばすことができるからです。

月収10万円を達成したら「月収20万円」を目指そう

　これまでに作成した集客記事をもとに、効率よくブログのアクセス数を増やす方法があります。

　その方法を実践することで月収20万円を目指しましょう。

▼ブログ収益化の道のり（月20万円）

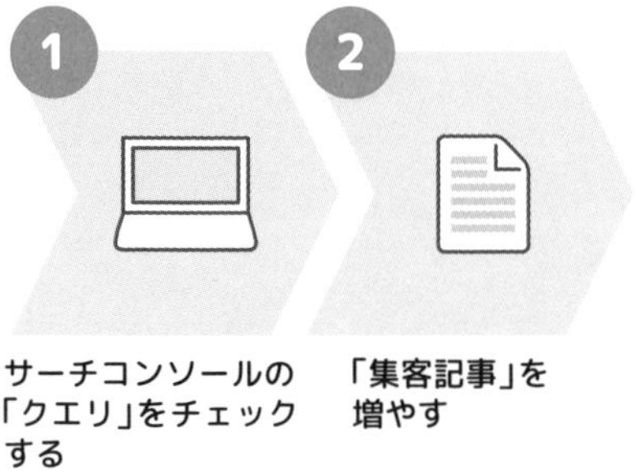

　それでは、その手順を説明します。

❶サーチコンソールの「クエリ」をチェックする
❷集客記事を増やす

❶サーチコンソールの「クエリ」をチェックする

　これまでに作成した集客記事の中で、特にアクセス数が多い記事ができたら、Googleサーチコンソール（https://search.google.com/search-console/about?hl=ja）の「クエリ」をチェックして、さらに集客記事を増やしてアクセス数を増やしましょう。

　サーチコンソールのクエリには、そのページへアクセスしてきたGoogleで検索されているキーワードが表示されます。このキーワードで記事を書くとGoogleで上位表示されやすく、アクセスが集まりやすいのです。

▼ブログ収益化の道のり（月20万円）①

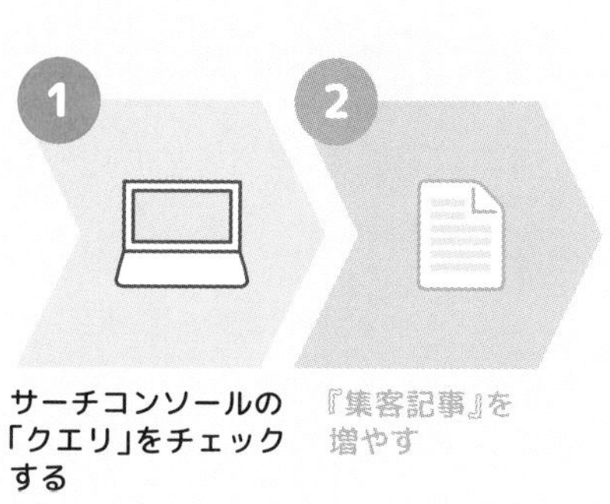

サーチコンソールの「クエリ」確認方法

　サーチコンソールのクエリの確認方法は次の通りです。

　サーチコンソールへアクセスし、左カラムの「検索パフォーマンス」をクリックします。右画面の期間は「過去28日間」を選択します。「平均掲載順位」にチェックを入れ、「ページ」タブを選択すると、「上位のページ」にURLが表示されます。

▼サーチコンソールのクエリ確認方法1

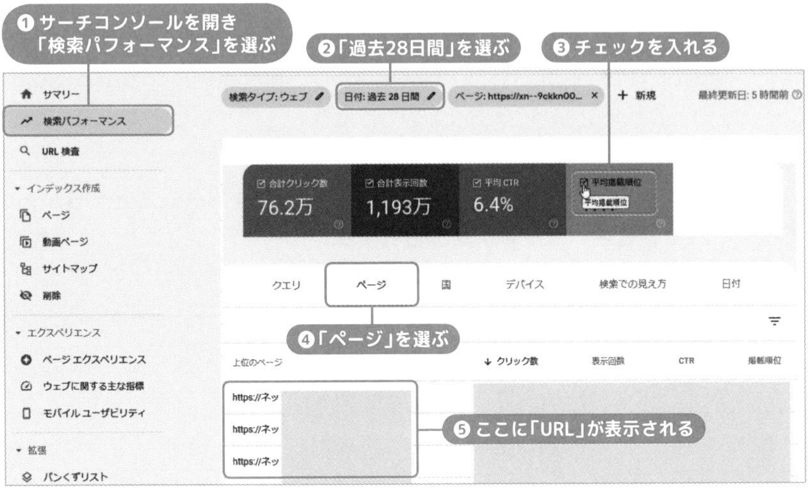

「上位のページ」に表示されているURLを1つクリックします。

▼サーチコンソールのクエリ確認方法2

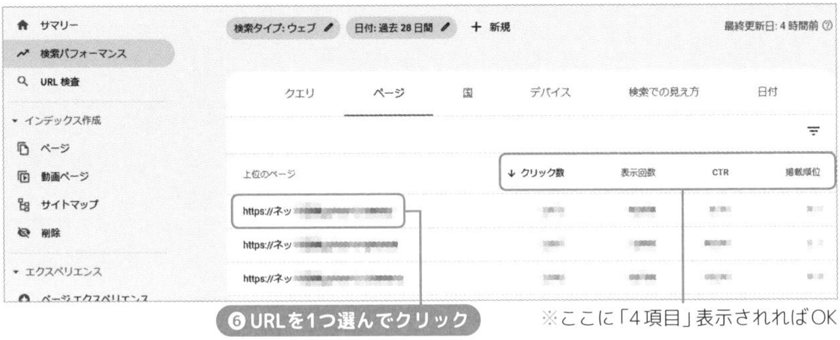

「クエリ」タブを選択します。すると、クエリ（キーワード）が表示されます。

▼サーチコンソールのクエリ確認方法3

❷集客記事を増やす

サーチコンソールで調査したキーワードで集客記事を作りましょう。

ジャンルにもよりますが、10～30程度の集客記事ができると、かなりアフィリエイト収入が伸びます。

ブログは集客記事が多いほど紹介記事へのアクセス数が増え、アフィリエイト収入が比例するように伸びていきます。これで月収20万円達成を目指しましょう。

▼ブログ収益化の道のり（月20万円）②

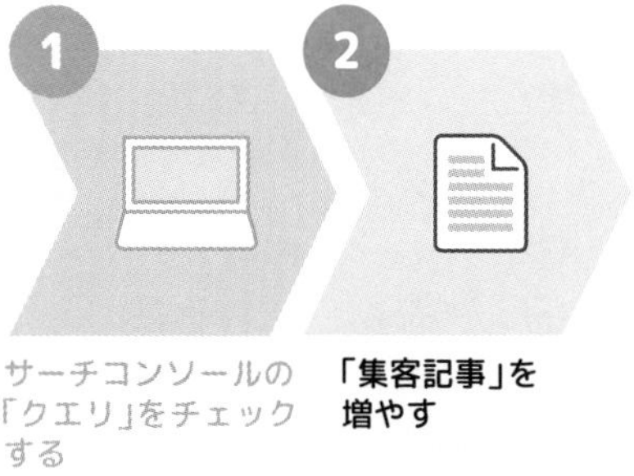

Section 9-4

収益化への道のり 月50万円達成まで

月収20万円を達成すると、そこから「月収50万円」はあっという間に達成したという人が多いです。なぜなら、ブログには「継続の力」があり、アフィリエイトには「特別単価」があるからです。

月収20万円を達成したら「月収50万円」を目指そう

前節までに作成した集客記事の成果が出てくれば、月収20万円に到達する時期です。ブログ全体のアクセス数が大きく伸び始め、同時に収益も右肩上がりに伸びてきます。

これまで頑張って集客記事を書いてきた「**種まき**」の時期から、いよいよ「**収穫**」の時期に入ってきた、そんなイメージです。

▼ブログ収益化の道のり（月50万円）

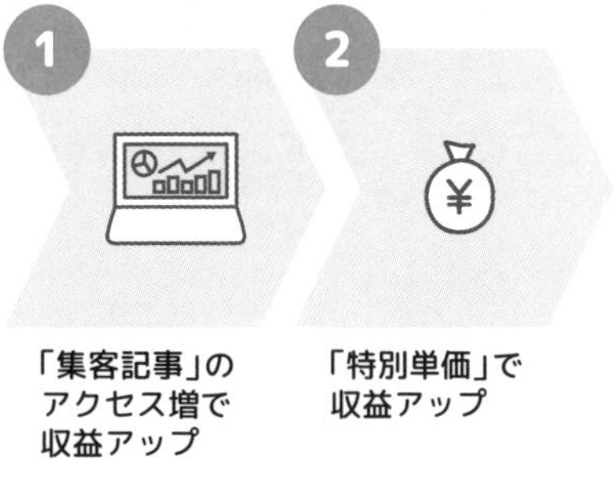

では、「この時期に何が起こるのか？」これから詳しく説明していきます。

❶「集客記事」のアクセス増で収益アップ
❷「特別単価」で収益アップ

❶「集客記事」のアクセス増で収益アップ

▼ブログ収益化の道のり（月50万円）①

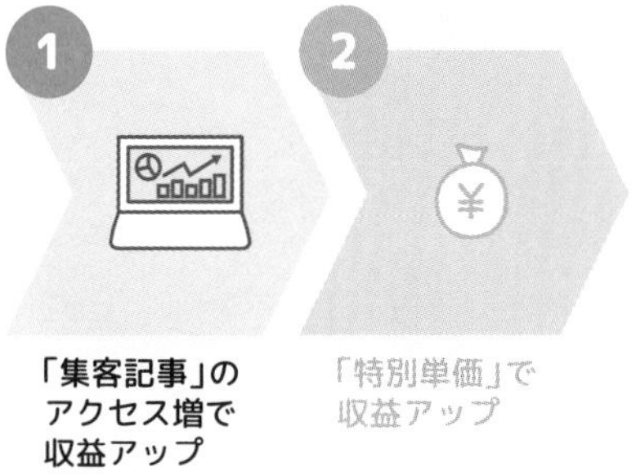

ブログは長く取り組んで継続するほど、アクセス数が増えて収入も増えます。

長く取り組むほどGoogleからのブログ評価が上がるため、今まで上位表示されていなかった記事も上位表示されやすくなるからです。

例外もありますが、コツコツ頑張って記事を書いてきたブログのアクセス数は、基本的に右肩上がりに増えます。

▼ブログのアクセス数アップのイメージ

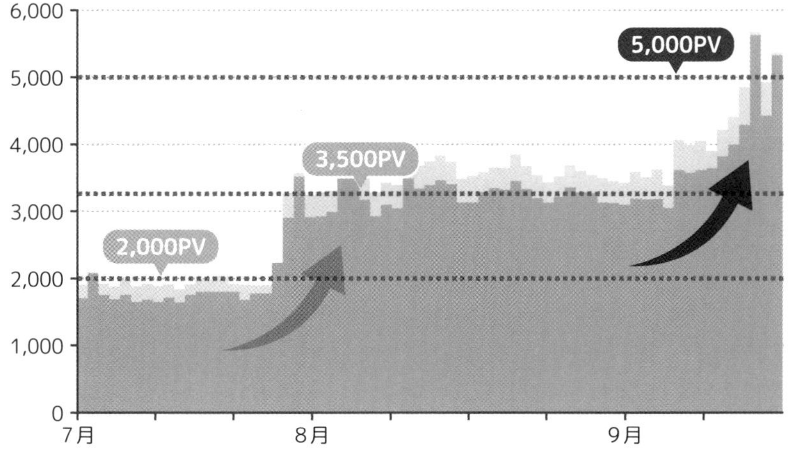

前節でサーチコンソールのクエリを調べ、集客記事をコツコツ作成してきた結果、ブログ全体のアクセス数もさらに大きく伸びてきます。
集客記事へのアクセス数が増えることで、紹介記事へのアクセス数も増えてアフィリエイト収入が比例するように伸びていきます。
この時期はアクセス数が伸びるのに比例してどんどん収益も伸びていきます。

❷「特別単価」で収益アップ

アフィリエイトの成約数が増えると、広告主から「**特別単価**」のオファーが来ます。

▼ブログ収益化の道のり（月50万円）②

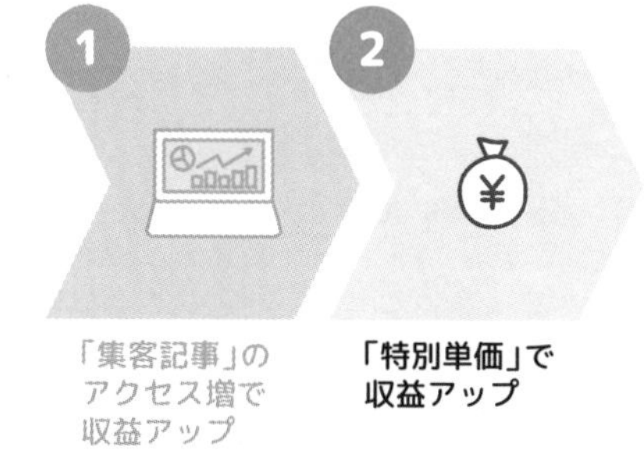

例えば、報酬1万円のアフィリエイトが20件売れて月収20万円になったときに、報酬2万円にアップする特別単価のオファーが届くと、翌月は一気に2倍の月収40万円になります！
特別単価の金額はジャンルや案件によって異なりますが、単価がアップするので収入が大幅にアップします！

Section 9-5

収益化への道のり 月100万円達成まで

月収50万円を達成したら、そのまま応用と拡大で「月収100万円」を達成することも可能です。しかし、今回ここで筆者がお勧めするのは「安定収入」と「リスク分散」を実現可能にする方法です。

月収50万円を達成したら「月収100万円」を目指そう

案件やジャンル次第では、ここから月収100万円、200万円と大きく伸ばせる可能性もあります。そのままブログを大きくしていくのも良いでしょう。

しかし、今回筆者がお勧めするのは、作業量を減らしながら安定収入を確保し、かつリスク分散ができる方法です。

それはブログの外注化と、新しいブログの作成です。具体的に説明していきます。

▼ブログ収益化の道のり（月100万円）

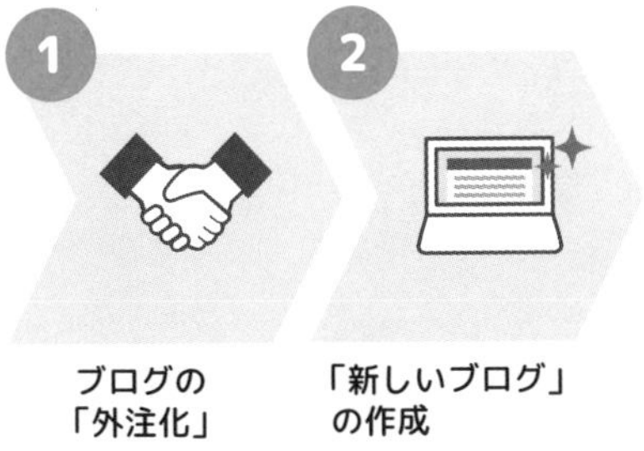

❶ブログの「外注化」
❷「新しいブログ」の作成

❶ブログの「外注化」

ブログの「外注化」とは、ブログの記事作成や運営を外部に委託することです。外注することで、自身の作業量を減らしながら安定収入を確保することが可能になります。

▼ブログ収益化の道のり（月100万円）①

筆者は月200万円から500万円規模のブログを運営している人を知っています。売上が大きいと競争も激しいため、運営がかなり大変らしく専業でないと厳しいのが実態だそうです。

しかし、月30万円から50万円規模のブログであれば、副業でも運営が可能なので、外注化も比較的スムーズです。

❷「新しいブログ」の作成

外注化すると、自分のブログの運営作業が減って時間に余裕ができます。

そこでまた新しいブログを作成し、月10万円達成までの次の手順を実践します。

1.「アフィリエイトで稼げる記事（紹介記事）」を作る
2.「集客記事」をたくさん作る

▼ブログ収益化の道のり（月100万円）②

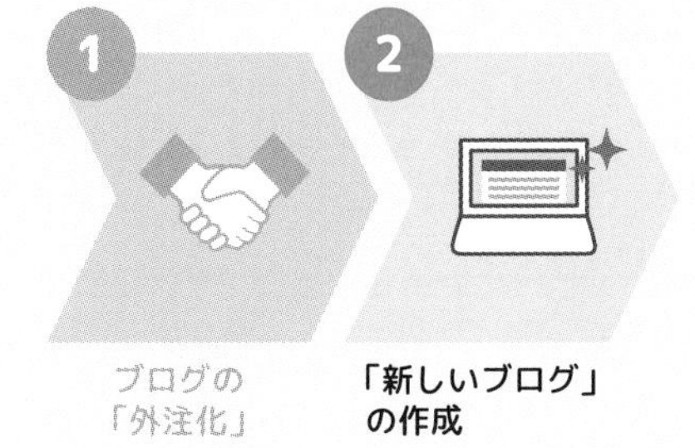

アフィリエイトで得られるもの

一度アフィリエイトで稼ぐ経験をすると、読者に買ってもらうコツやキーワード選定のコツが身につきます。

- **どんな記事にすれば買ってもらえるか？**
- **どういうキーワードが成約につながりやすいか？**

逆に「このキーワードはアクセス数が多いけど成果報酬にはつながらない」といったことが推測できるようにもなります。アフィリエイトで経験したことが今でも自分の基礎になっています。

そのため、またはじめから新しいブログを始めても、月30万円から50万円規模のブログを作るまでの期間が一気に短縮できます。

月30万円から50万円規模の**ブログを複数持つことで、収入源が複数になるのでリスク分散**にもなりお勧めです。

外注化しながら月収100万円を達成することも可能です。

もちろん、１つのブログで月収100万円、200万円と稼ぐことも可能です。しかし、大きく稼げるジャンルはライバルも多いので、月収30万～50万円規模のブログを複数持つほうが個人的にお勧めです。

Section 9-6

収益化への道のり さらなる上のステージへ

ブログを長く続けていると企業から直接「広告掲載」の依頼が来たり、「あなたのブログを買いたい」というオファーが来ることもあります。

企業から直接広告掲載の依頼

30ページなどでも紹介しましたが、ブログを運営して軌道に乗ると、企業から直接、広告掲載の依頼がくることがあります。いわゆる「**純広告**」です。

新聞広告のように、広告主と直接契約し、広告費をもらえます。

「ブログ売却」オファーがあることも

Part2のコラムでも触れましたが、筆者のもとに「あなたのブログを3,000万円で売却しませんか？」というオファーが突然来たことがあります。

そのときは売りませんでしたが、筆者のように何の才能もない一般人がゼロから作ったブログが数年後に3,000万円の価値になるなんて、と感激した覚えがあります。

やっぱりブログは夢がありますよね！

ブログ売却がゴールではありませんが、価値があるものを作ってきた自信になりますね！

Part9のまとめ

ブログを作ってから収益化するまでに具体的に何を実践し、どうやって収益を増やしていくのか、筆者のお勧めの手順を紹介しました。この章を何度も読み返して収益化のイメージを膨らませてくださいね。

● 収益化への道のり　月1万円達成まで

①WordPressブログを作る
②記事を書いてアクセス数を増やす
③アドセンス広告を貼って収益化
④アクセス数の多い記事からアフィリエイト開始

● 収益化への道のり　月10万円達成まで

①「紹介記事」を作る
②「集客記事」をたくさん作る

● 収益化への道のり　月20万円達成まで

①サーチコンソールの「クエリ」をチェックする
②「集客記事」を増やす

● 収益化への道のり　月50万円達成まで

①「集客記事」のアクセス増で収益アップ
②「特別単価」で収益アップ

● 収益化への道のり　月100万円達成まで

①ブログの「外注化」
②「新しいブログ」の作成

次ページへ

単一のブログで月収100万円以上を目指すのも可能ですが、筆者のお勧めは、ブログの外注化で中規模のブログを複数運営する方法です。

月30万円から50万円規模のブログを複数持つことで、収入源が複数になるためリスク分散にもなります。

外注化すれば作業負担が大きく減るのも魅力ですよ。

おわりに

　実は、昔は「ブログで月収100万円稼いでいるブロガーが存在するって本当？」と疑問に思っていました。
　実際に達成してみて、自分が一番驚いています。
「えっ、私が100万円ブロガー？」というのが率直な気持ちです。

ブログで稼ぐのに「才能」や「センス」はいらない

　ブログで収入を得るのに、めちゃくちゃ難しいことはありません。
　もちろん「才能」や「センス」も不要です。
　単純に「正しいやり方」を実践し続ければ良いのです。
　ただ、ブログを始めてしばらくは収入ゼロの時期が続きます。その期間を辛抱しながら継続する自信があるなら、ブログは絶対にお勧めです。
　筆者の場合は、ブログを始めて初収入まで1年半かかりました。
　しかも、途中で何度も挫折してパソコンに一切触れない時期もありました。しかし、そこで歯を食いしばってやめなかったから今があるのかなと思っています。

次はあなたの番かも…？

　あなたは「サボらず続けること」が得意ですか？
　小学生の頃、宿題を毎日欠かさずやっていたでしょうか？
「はい！」と自信を持って言えるなら、あなたはブログ運営に向いているはずです。ぜひブログ始めてみてくださいね！

次ページへ

3周読めば自分の力になる

過去に読んだ本や漫画を読み返したとき、昔読んだときはピンとこなかったことに、何か気づいたことはないでしょうか。

おそらく、本書を読んでも同じことがあるはずです。

最初読んだときは理解できていなかったことが、ブログ運用を始めてから読み返すと理解できたり、勘違いして実践していたことに気づいたり……ということがあるでしょう。

筆者も、過去に購入した本や教材を繰り返し読むことで、今まで何度も新しい発見や気づきがあり、それをブログで実践すると良い結果につながることがたくさんありました。

また、人間はすぐ忘れる生き物なので、1ヶ月もすれば最初読んだ内容を忘れてしまいます。

私たちは、日々ブログの実践を通じて成長しています。

ですから、1ヵ月後にまた読み返すだけで、当時は気づかなかったことに新たに気づいたり、発見があったりするものです。だから、一度読んだ後に後日また読み返してみましょう。

それを繰り返して3周する頃には、結果が出るようになりますよ。

しっかり基礎から学んで実践すれば、誰でもチャンスがあります。

それがブログの良いところです。

そして、じっくりと継続することです。

そうすれば、誰でもブログを収益化できると確信しています。

初心者がゼロから毎月5万円稼げる！

副業ブログの教科書

2023年6月30日　初版第1刷発行
2024年9月15日　初版第2刷発行

著　者　　たかはし
装　丁　　広田正康
発行人　　柳澤淳一
編集人　　久保田賢二
発行所　　株式会社　ソーテック社
　　　　　〒102-0072　東京都千代田区飯田橋4-9-5　スギタビル4F
　　　　　電話（注文専用）03-3262-5320　FAX03-3262-5326
印刷所　　TOPPANクロレ株式会社

ISBN978-4-8007-2113-6

本書のご感想・ご意見・ご指摘は
http://www.sotechsha.co.jp/dokusha/
にて受け付けております。Webサイトでは質問は一切受け付けておりません。